高效办公office教程

让你从此不加班

胡奎 著

台海出版社

图书在版编目（CIP）数据

高效办公 office 教程：让你从此不加班 / 胡奎著
. -- 北京：台海出版社，2019.4
ISBN 978-7-5168-2285-2

Ⅰ. ①高… Ⅱ. ①胡… Ⅲ. ①办公自动化－应用软件－教材 Ⅳ. ① TP317.1

中国版本图书馆 CIP 数据核字 (2019) 第 051251 号

高效办公 office 教程：让你从此不加班

作　　者：胡 奎

责任编辑：武 波 童媛媛　　装帧设计：万有文化

版式设计：万有文化　　责任印制：蔡 旭

出版发行：台海出版社

地　　址：北京市东城区景山东街 20 号　　邮政编码：100009

电　　话：010 － 64041652（发行，邮购）

传　　真：010 － 84045799（总编室）

网　　址：www.taimeng.org.cn/thcbs/default.htm

E-mail：thcbs@126.com

经　　销：全国各地新华书店

印　　刷：天津盛辉印刷有限公司

本书如有破损、缺页、装订错误，请与本社联系调换

开　　本：710mm × 1000mm　　1/16

字　　数：170 千字　　印 张：12.75

版　　次：2019 年 4 月第 1 版　　印 次：2019 年 4 月第 1 次印刷

书　　号：ISBN 978-7-5168-2285-2

定　　价：69.00 元

轻松掌握 office 核心技术，从此不再加班

文/李鲆

可能每个上班族都觉得自己很擅长office办公软件，因为使用频率很高。

随着科技越来越发达，手工书写报告、数据、文章渐渐地不再被人利用，除了某些重要的数据，其余的都会在电脑上做记录，因为电脑不仅安全，而且更加方便省时。

office办公软件的出现，让人们更加方便地在电脑上做记录，所以在当今社会，不会正确地运用office软件是一件让人很头痛的事情。

胡奎，office能手、效率工具达人。他拥有十年职场office经验，一直致力于节省时间，大幅度提高办公效率。因为想节省更多的时间，他研究出Word自动排版，从此排版无忧；他自制模板，从此20分钟搞定汇报PPT；他钻研Excel数据透视表，从此数据分析全自动。

他把自己的经验分成四个部分，从思路到office办公软件技术的运用。为了帮助更多职场人，我决定为他策划一本集合大量office核心技术的书，就是这本《高效办公office教程》。

可能很多上班族都会为上级吩咐的任务而感到烦恼，自己熬夜加班做出来的成果却得不到上级的满意，或者上级需要频繁改动细节，导致又一轮的加班加点。

对于这些问题，胡奎都会在书中通过他的实操经验一一为你解答。胡奎从思路开始讲起，分析上班族在思路上出现的误区，再结合生动的实操图片，分析上班族在操作上经常会出现的错误，教你如何更快地做出令上级满意的报告，让你从此摆脱加班。

也许有人会有顾虑，office的技术过于繁杂，无法一一牢记，需要注意的是，你并非是想成为一名office专家，而是要用最快的速度完成上级交代的任务，所以你需要记住的就是核心技术。

所以，如果你想摆脱加班，给上级交出一份满意的报告，你就需要掌握office的核心技术，需要一本《高效办公office教程》。

微信号：276527980

资深出版人，策划出版多部畅销书，著有《畅销书浅规则》《畅销书营销浅规则》《微商文案手册》等

目录
CONTENTS

第三章 逻辑框架——让你的思考更高效

Word 篇

第一章 引发加班的坏习惯

第二章 不加班的高效技法

第三章 Word排版秘籍

Excel 篇

第一章 被误解的Excel

第二章 准确获取数据

第三章 便捷数据整理

第四章 超效计算分析

第五章 清晰结果呈现

第六章 高效插件

PPT篇

第一章 对PPT的严重误解

第二章 从此PPT制作不发愁

第三章 给你的PPT加点料

第四章 PPT分享演示全搞定

附录

零基础都可以学的office教程

《极速写作》作者 剑飞

胡奎最近给我说了一件事情。

前段时间，他有一个朋友特别忙，天天加班加点。原来是朋友单位组织考试，有500多名考生，考前都需要制作准考证。每个准考证都需要反复核对姓名、身份证号码、报考职位等基础信息。3个人加班加点干了3天才完成。

这件事给他很大触动，如果朋友知道Word有合并功能，就能1个人1小时搞定全部过程，这1小时还包括打印所有准考证。

为什么效率差这么多？因为office软件中有一些你不知道的功能。

你问身边的同事会不会使用office，他们都说：会。但是用得怎么样？真的难说，很多人都没有深入研究office工具的属性和优势。

这是一种典型的浪费，一个强大的工具，却用来做普通工作。正是看到这种浪费，作为office高手的胡奎，觉得自己有责任来帮助大家更好地使用office，这就是胡奎写这本书的初衷。

胡奎是一个对效率有追求的人，他经常会研究一些效率方面的提升技能。他的电脑中会有各种各样的效率软件，使用office时，他也特别注意钻研如何提升效率。

只要是有重复的工作，他都会想办法用自动化或者半自动化的方式来完成。胡奎特别愿意把这些提升效率的方法和工具分享给大家，所以他得到了这样一个称号：效率百宝袋。

他所提供的office相关技能，并不是那种大而全的技能堆砌，全是他在工作生活中遇到的核心痛点。特点就是少而精，一针见血地指出问题，一锤定音地解决问题。

更难得的是，这些技巧非常容易学习，零基础的小白都可简单上手。

另外，胡奎还是语音写作战队的语音写作达人，具有惊人的爆发力和韧性。

50天完成100万字。

4个月完成300万字。

这样一个不断追求自我突破的作者，他的书一定会让你有所收获。

我们最宝贵且无法挽回的资源就是时间，如果熟练掌握了《高效办公office教程》介绍的office核心技巧，就可以大幅度提升office使用效率，原本几小时的工作可能十几分钟就能完成。

如果把视野拉长到你的整个职业生涯，所节省的时间将是一个惊人的数量，相当于我们的生命在无形之中被延长了。

我再次强烈推荐这本书，通过这本书，你能成为一个职场office达人，体会到office软件使用中的一些核心思路，这些思路将帮你在其他方面也节省出大量的时间，让你有更多时间体验和创造更精彩的人生。

office达人的成长之路

目前市面上有不少office类图书，都是聚焦于office的操作技巧，为了把office软件的技巧全部展示出来，写作方式上采用的都是大而全的套路，所以一般都比较厚重。那么问题就来了：

这么厚的书，你确定能全部看完？

以我的经验来看是完全看不完的。而且，如果我遇到了具体问题需要解决，只需要去网上搜索，即可了解某个技巧，完全没必要去买这种“字典”类的书籍。

只靠学技巧，就能提升竞争力？

我是一个懒人，我肯定看不完，但是，肯定有人非常勤奋，能把那么厚一本书全部看完，甚至了解office软件所有的操作。不过，这样就一定能提升职场竞争力吗？

试想下，假如你制作了一份非常精美的PPT，每个页面都高端大气上档次。但是领导听了以后问：“你到底想表达什么？”你会不会觉得很崩溃？

原因在office本身吗？显然不是，真正的原因在于：内容空洞，表达混乱。因此，如果内容空洞，那么，再厉害的office技术，也只能打造一个“金玉其外，败絮其中”的空架子。而有了丰满的内容，配合核心的office

技巧，才能做到锦上添花。

整本书其实围绕着一个核心：怎样只用20%的核心技能，达成80%的效果。它不像是市面上大而全的office书籍，相对来说，阅读起来也比较轻松。在此提供两种阅读本书顺序的方法：

1.依次看完所有章节。

好处是，章节的顺序，是按照软件的使用频率来排布的。适合想要全面提升office技能的朋友。

2.先看思路篇，再选择最感兴趣的章节。

好处是非常聚焦，更快速聚焦在你的问题上，让你快速获得想要的提升效果。适合想要在单个软件上快速提升的朋友。

最后，再说一个隐藏福利，本书聚焦于20%的核心技能，必然无法覆盖全部的技能和操作。这个问题如何解决？

本书的附录部分，就是为了解决此问题。互联网发展到今天已经有海量的数据，只不过并不成体系而已。但是，当你需要解决某个具体问题时，只要你学会如何高效搜索，所有的具体问题都可以轻松解决。

这本书不回避问题，强调内容大于形式；这本书不贪多求全，只传授最核心的office绝技。让你学了马上就能会，会了马上就能用，用了马上就能提高效率。在最短的时间内，快速打造个人office职场竞争力。

感谢一路相伴的人，真诚感谢我的所有家人。特别是我的爱人，在我写这本书时给予了最无私的支持。可以说，没有她的支持，我可能无法在有限的时间内完成此书。

非常感谢鲆叔在出书的过程中给予的细致而耐心的指导。

也特别感谢剑飞老师，因为剑飞老师的语音写作，我打开了新世界的大门。使用语音写作的方式，在20天内完成本书的初稿，对我来说也是一个奇迹。

最后，感谢所有给我提供过帮助的小伙伴们。

有你们在，成长路上不孤单。

思路篇

- ☑ 为什么熬夜完成长篇报告，领导还是一脸嫌弃？
- ☑ 为什么费劲制作精美PPT，听众仍然昏昏欲睡？
- ☑ 为什么当面说得口干舌燥，别人依然一脸茫然？
- ☑ 本章将带你认清表达误区，彻底搞定精准表达！

第一章

逻辑混乱——表达要有重点

1.1 让人抓狂的表达方式

你肯定也遇到过这种人，他们讲话颠三倒四，前言不搭后语，讲了半天，也不知道想要表达什么，特别让人抓狂。书中的主人公小王就是这样的人。

小王今天接到一个任务，原定于今天下午的会议，因为几位老总都没时间参加，所以要给总经理打电话改时间。

他是这么表述的："总经理好，李总说他今天下午的会议来不了。张总的秘书说，张总明天晚上才从国外回来，所以他明天也参加不了会议。赵总说他明天倒是可以，但是他明天上午不行。会议室明天已经被销售部占用了，后天没有被占用。要不然把会议改到周四吧，您觉得如何？"

总经理还没等他说完，就把电话给挂了。你是不是也觉得听着很累？因为小王讲了半天，最后才讲到重点：修改会议时间。前面陈述了一大堆的事实，都是次要的消息，总经理早就不耐烦了。

其实在职场中有一种更高效的表达方式，我们来体会一下。

总经理好，我建议把今天的会议改到周四。因为：

第一，张总和李总没时间。

第二，明天会议室已经被占用了。

第三，周四三个老总都有时间，会议室也空着。

是不是立马不一样了，关键点在哪里？关键点在于一开始就把结论先说出来，然后再去说明原因。

结论：建议把会议改周四。

原因1：张总和李总没时间。

原因2：会议室已经被占用。

原因3：周四的时候，人员和会议室都合适。

为什么同样的话，用不同方式表达出来，效果完全不一样？因为后一种方式有了结构。为什么有了结构之后，就更容易让人明白和接受？因为我们的大脑更偏爱结构。

1.2 大脑其实偏爱结构

先来做一个游戏，下方有一串数字，给你5秒钟能全部记住吗？

194910015200251314

盯着数字，倒数5秒，合上书本，看看能不能记得住。

我猜你可能记不住，因为大脑的工作记忆区容量有限，一次性只能记住5±2个记忆单元。这串数字有18位，所以你记不住是正常的。现在换一种方式，我保证你能在三秒钟之内，记住这一串数字。

我们来把这个数字拆分一下，你会发现，正好是“建国日期+我爱你

19491001 | 520 | 025 | 1314

建国日期 | “我爱你” | “你爱我” | “一生一世”

+你爱我+一生一世”。是不是变得简单许多，一下子就能记住了？

为什么会这样？因为人的大脑是偏爱结构的。结构的好处，是把原本需要单独记忆的零散信息，进行了组块。组块的好处就是减少了记忆单元，如果组块和其他熟悉的信息相关联，还会更容易记忆。

其实刚刚提到的修改会议通知的案例，也是一种重新组织。把原本比较零散琐碎的信息，提炼出重点。比如，第一个理由是“张总和李总没时间”，就是提炼了张总没时间，李总出国还没回来。

有了清晰的结构，大脑才能抓住重点。因此，以后在表达时，需要使用结构化的方式。

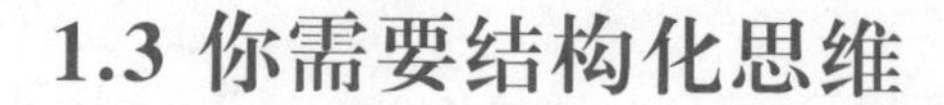

1.3 你需要结构化思维

什么是结构化的思维？其实结构化表达，就是用一种清晰的逻辑结构，把想要表达的内容进行重新组织。最简单易学的一种结构化表达方式是“金字塔原理”。

金字塔原理，简单来说，就是先表明中心思想，再说论点、论据，逐层展开，每一层都是上一层的展开，下一层又支撑着上一层，最终形成一个类似金字塔的结构。

金字塔结构核心要点之一是：结论先行。必须把最重要的结论放在最前面。

麦肯锡公司曾经为一家重要的大客户做咨询。咨询结束时，麦肯锡的项目负责人在电梯间里遇见了对方的董事长，董事长问麦肯锡的项目负责人：“你能不能说一下现在的结果？”由于该项目负责人没有准备，而且即使有准备，也无法在短时间内把结果说清楚。最终，麦肯锡失去了这一重要客户。

这就是著名的电梯法则，必须在30秒钟之内，把事情的关键要点说出来。

只有30秒钟时，只需要把金字塔结构中最核心的结论说出来即可。

如果有3分钟，就可以展开金字塔的第二层，把支撑结论的几个重要论点、论据说出来。

如果有20分钟，就可以把论点和论据全部展开进行论述。

这样一来，你会发现，不管时间是长还是短，总能把最重要的内容先说完。所以，金字塔原理是一种非常好用，容易被别人接受的一种表达方式。

第二章

结构化——让表达更清晰有力

2.1 金字塔原理

金字塔原理是结构化思考的一种方式，这个概念来源于芭芭拉·明托的《金字塔原理》。关于结构化思考，国内的李忠秋老师的《结构思考力》也有详细的论述。

按照芭芭拉·明托的《金字塔原理》中的说法：金字塔原理是一种重点突出、逻辑清晰、主次分明的逻辑思路、表达方式。

金字塔的基本结构是：先重要后次要，先全局后细节，先结论后原因，先结果后过程，先论点后论据。

但是，只要是看起来符合金字塔结构，就一定是清晰的表达吗？那倒未必。

比如这句话："我现在必须要去餐厅吃饭，因为我的鞋带松了，我的工作完成了，同时我也饿了。"

虽然这是一个典型的结论+理由的模式，却漏洞百出。原因在于理由不能支持结论，看来金字塔原理没有看起来那么简单。

确实，金字塔原理必须符合四个重要的原则，才能真正起到重点突出、逻辑清晰、层次分明的效果。这四个原则就是：论、证、类、比。

论：结论先行

证：以上统下

类：归类分组

比：逻辑递进

当你掌握了这四个重要的原则之后，你就可以轻松地掌握金字塔原理。从此你的表达会更加有力。

2.2 结论先行

结论先行是什么意思？就是每一次的表达，只说一个中心思想，而且把中心思想，放在最前面。

老婆："老公，你今天下午下班时，如果坐地铁的话就坐到四牌楼站，从A出口出去往南走，过了一个十字路口，有一个农贸市场，进去以后左边第三家是一个卤味店，你能帮我带点卤牛肉回来吗？"

老公一头黑线……

为什么老公一头黑线？因为老婆没有结论先行，而是把结论放在最后了，前面说了一大堆不重要的内容，让老公无法抓住重点。如果把它重新调整为金字塔结构，应该是这样的：

"老公，今天下班买点卤牛肉。在农贸市场中第三家就可以买到。坐到地铁四牌楼站，从A出口出去就可以。"

是不是瞬间清晰了很多？先把重要的结论说出来，后面的话不用说都可以。只要你说想吃之后，老公就会直接去买。

如果老公问你，牛肉在哪家买？就告诉他在农贸市场第三家。

如果老公再问，怎么去？就告诉他坐地铁到四牌楼站，A出口即可。

是不是一下子就变得更加清晰简单了？

因此，请记住第一个重要的原则：结论一定放在最前面。

2.3 以上统下

结论先行只是第一步，当结论说出来之后，必须让接下来的内容形成对结论的支撑或论证。简单来说，中心论点必须是对分论点的概括或总结，而分论点，必须对中心论点进行解释或说明。

这里有两种基本的结构。

结构1：概括。

中心论点是对于分论点的概括。比如，茶杯可以分为玻璃茶杯、金属茶杯、塑料茶杯。这就是典型的概括结构。

结构2：论证。

分论点是用来论证中心论点的。比如公司要推出新产品，原因是老产品销售疲软，新产品调研结果好，完善公司产品线。三个原因都是对于结论的论证，就是典型的论证结构。

知道了什么是“以上统下”，那么如何才能形成这样的结构？

比较容易的方法是从最终的结论开始，通过一定的逻辑结构把结论进行有效的分割。典型代表是二分法，比如在任务管理中，经常会把任务分成“重要”和“不重要”两类。

二分法如果叠加使用，会有神奇的效果，比如在是否重要的基础上，再添加一个是否紧急的维度，就变成了四象限。在讨论任务管理时，就可以从四个不同的角度进行。

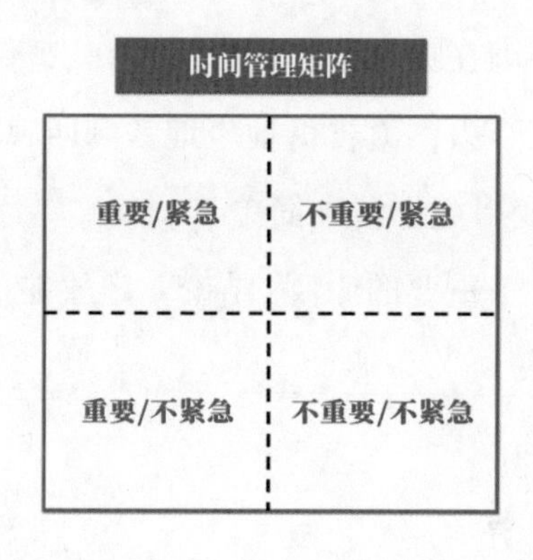

经典的四象限视角有很多，比如周哈里窗、波士顿矩阵等。

2.4 归类分组

想要真正做到以上统下，就必须要学会归类分组，它是把具有相似性的内容，按照一定的标准进行分类。归类分组具有两个作用：第一，让思考更清晰；第二，让记忆更容易。

先来看小王的日程清单：

1. 背英语单词100个
2. 整理工作周报
3. 到超市买牛奶
4. 看书30页
5. 陪女朋友吃饭
6. 打扫房间
7. 玩1个小时游戏
8. 邮寄一个重要的资料
9. 帮助同事修理电脑
10. 完成个人年度总结
11. 制作年度总结PPT
12. 帮领导购买机票
13. 慢跑半个小时
14. 信用卡还款

小王是这么想的：哪个任务在前面，就先做哪个，反正都是要在今天完成的。但是下午的时候，领导临时要一个数据分析报告，小王埋头做到晚上10点才完成。

正准备收拾东西回家，他猛地想起来，还有一个重要的资料，今天必须寄出。可是快递已经下班不能上门取件，小王好说歹说，快递公司才同意让小王自己送到快递站。小王飞奔出门，终于赶在23:59分寄出了资料。

这时，领导打来电话，问小王："明天出差的票定好了吗？"小王打开订票APP，屏幕上赫然显示"无票"。

为什么会这样？你可能会觉得，是因为领导临时安排了一个数据分析的工作，打乱了小王的节奏。其实，根本原因在于小王没有对任务进行分类管理。如果使用任务管理四象限，来重新安排这些任务，会是下面这个样子：

当任务重新按照一个清晰的结构进行归类分组时，你会发现行动起来高效很多。

1.先完成"重要且紧急"的任务，如果顺利，也就是20分钟的事。

2.接下来，把"紧急不重要"的任务，尽量安排给别人来完成。

3.然后，集中精力完成"重要不紧急"的任务

4.最后，如果还有时间，就完成"不重要不紧急"的任务。

通过这样的归类分组，你会发现，思路一下子就清晰了许多，也有了更多的主动性和选择权，而不是让一大堆任务，压得你喘不过气。

时间管理矩阵

重要/紧急	不重要/紧急
1.帮老板买机票 2.邮寄重要资料 3.信用卡还款	1.帮同事修电脑
重要/不紧急	**不重要/不紧急**
1.个人年度总结 2.年度总结PPT 3.整理工作周报 4.和女朋友吃饭 5.背单词和看书	1.打扫自己房间 2.玩一小时游戏

这就是归类分组的第一个重要作用：让思考更加清晰。进而让行动

更加高效，自然也就会得到一个不错的成果。

归类分组还可以使用MECE法则。

MECE法则(Mutually Exclusive Collectively Exhaustive)，意思是“相互独立，完全穷尽”，是麦肯锡咨询顾问芭芭拉·明托在《金字塔原理》中提出的一个思考工具。

其实简单来说，就是分类要“不重叠，不遗漏”。

假如，商家要对顾客群体进行分析，可能会有以下不同的类别。

顾客群体：年轻人，宅男，职场女性。

这个分类非常混乱的。首先，没有做到“不重叠”，年轻人有可能是宅男，也有可能是职场女性。所以它不符合第一个原则，互相独立。

其次，它也并没有做到“不遗漏”，因为除了年轻人外，还遗漏了中年人、儿童、老年人等年龄群体。所以，它不符合第二个原则，完全穷尽。

想要“不重叠、不遗漏”，应该怎么做？按照某一个维度来划分，就可以比较容易做到。

按年龄，可以分为：20岁以下，20岁到40岁，40岁到60岁，60岁以上。

按性别，可以分为男性和女性。

按婚姻状况，可以分为已婚和未婚。

每一种分类，都可以做到“不重叠、不遗漏”。但是，这么多分类的角度，到底应该选择哪个？

归类分组的第一个要点：搞清目的。

这个至关重要，如果目的本身不清晰，那么一切都是无用功。

比如，要分析婚姻和消费能力的关系。按照这个关系，比较好的切入角度是：按照婚姻状况来对不同的对象分类。如果要分析不同性别对待婚姻的态度，就可以从婚姻状况和性别两个角度切入，分为已婚男性、未婚男性、已婚女性、未婚女性。

归类分组的第二个要点：避免混淆。

避免混淆倒是有很多实用的方法，主要有以下几种。

1.二分法：按照事物的正反两面来分类。比如阴阳、男女、有无、黑白等。

2.过程法：按照事物发生的过程来分类。比如事前、事中、事后，解决问题的四个步骤等。

3.要素法：按照构成事物的要素来分类。比如“时间+地点+人物+事件”、高效能人士的7个习惯、优秀年轻人的5个特质等。

4.公式法：按照某种公式来分类。这其实是一种特殊的要素法，比较简单好用。比如，销售额=单价 × 数量，就可以从“单价”和“数量”角度进行考虑。

最后，提醒大家，不要重复造轮子。早就有很多成熟的分类模型可以直接拿来使用。比如黄金思维圈、5W2H、SOWT分析、波士顿矩阵、麦肯锡7S和营销4P等。

2.5 逻辑递进

完成归类分组之后，我们就有了一个清晰的分组列表。在表达时，直接把分组后的内容全部展现出来就行了吗?

例如，“领导，这次的年会活动安排我跟您汇报下，在活动中，会有三个环节：歌词对对碰、街舞来比拼、幸运大抽奖。在活动结束后，还有聚餐环节。对了，在活动之前，我们还要去联系场地，申请资金。”

上面这段话，虽然有一个清晰的分组：活动前、活动中、活动后。但是，由于表达顺序的混乱，让人抓不住重点。所以，归类分组之后，还有一个原则是：逻辑递进。

再来整理下刚刚的内容。

领导，这次的年会活动安排我跟您汇报下：

活动前，我们要去联系场地，申请资金。

活动中，有三个环节：歌词对对碰、街舞来比拼、幸运大抽奖。

活动后，还有聚餐环节。

是不是逻辑变得更清晰了？所以，逻辑顺序非常重要。

这里有几个典型的逻辑顺序可以供大家参考。

1. 演绎顺序：大前提→小前提→结论。比如，所有的人都是动物，我是人，所以我是动物。

2. 时间顺序：第一步做什么？第二步做什么？第三步做什么？也非常清晰明了。

3. 空间顺序：比如，北京、上海、广州、深圳。

4. 重要性顺序：最重要、次重要、不重要。

当你有了清晰的要点，并按照非常合理的逻辑，把内容表达出来时，分论点的表述不仅恰当，而且清晰有层次。

最后，来看看四个原则之间的关系，如何进行有机的统一。

从自上而下的角度，去构建文章。

先以"结论先行"的方法明确主题；在此基础上，对结论进行分解，完成"归类分组"；再按照"逻辑递进"的要求进行表达；最终自然形成"以上统下"的关系。

从以上的分析来看，其实"以上统下"并不是一件需要刻意去完成的事情，而是完成其他三个原则之后，自然形成的结果。所以把重点放在其他三个原则上，最后"以上统下"自然达成。

总结一下金字塔原则的四个重要原则：结论先行、以上统下、归类分组、逻辑递进。

只有当表达符合这四个原则时，才能组成真正的坚实的金字塔结构，表述才是清晰有力的。

第三章

逻辑框架——让你的思考更高效

3.1 黄金思维圈

3.1.1 什么是黄金思维圈？

黄金思维圈(Golden Circle)，由西蒙·斯涅克提出，最早出现在他的著作《Start With Why》中。西蒙·斯涅克在TED上发表了一场名为“伟大的领袖如何激励行动”的演讲，对黄金思维圈有精彩的阐述。

黄金思维圈使用起来也非常简单，就是在做事情时，按照顺序提出以下问题。

Why：为什么要做这件事？

How：要如何做这件事？

What：要把这件事做成什么样？

你可能会觉得，只是这么简单吗？确实就这么简单，但是，用处却很大。用好了可以极大幅度地提高工作效率。

3.1.2 为什么要用黄金思维圈？

使用黄金思维圈，最根本的原因是它可以帮助你认准目的，高效行动。黄金思维圈是典型的目的导向思维方式，会帮你把所用的注意力集中于如何达成你的目的，在此基础上得出来的行动自然是高效的。

黄金思维圈的Why问题，包含丰富的内涵：目的、原因、价值、意义等。只有先认准目的是什么，才能有的放矢。否则，不知道目标在哪里，胡乱发力，最后只会吃力不讨好，甚至越努力越糟。

我们现学现用，拿office学习问题开刀，试试黄金思维圈的威力。先从Why开始。

为什么要买office类的书籍？为了学习office技能。

为什么要学习office技能？为了提高office软件使用效率。

为什么要提高效率？这样可以提高职场的竞争力。

说到这里，基本上认清了目的，其实学习office技能是为了提高职场竞争力。

当明确关键目的之后，我们就明白，我们并不是想要成为office的大神，而是想利用office技能提高职场竞争力。

这两者有明显区别。

成为office技能大神：office软件的所有细节都要非常清楚。

利用office成为职场精英：只需要掌握一部分职场上能用得到的office核心技能，大幅度提升效率即可。

当目的清晰之后，如何去做自然就很明朗了。只需要围绕职场最常用的场景，学习与之密切相关的office技能即可。

在这样的思路下，你不会再纠结是否搞清楚了office软件中所有的细枝末节。你不再贪多求全，而会采取问题导向的思路。遇到问题，就去学相关知识。哪个问题最紧急、最常用，就先学习哪些知识。

好处是，你不再浪费时间在一些你暂时不需要的知识上。注意力更加聚焦于解决问题上，不但能更快学到有用技能，还可以节省出大量时间和精力。

最重要的是，你的office技能会在这个过程中不断地成长。

3.1.3 黄金思维圈到底怎么用？

黄金思维圈有很多用法，Why、How、What的顺序不同，使用场景也不同。简单列举两种。

Why-How-What：主要用于形成做事情的思路。

先问目的，再说方案，最后说清成果。

有一个朋友，之前问我有没有PS学习方面的资料，我就很奇怪，他怎么对PS感兴趣了？难道要转行？详细了解之后，发现原来他只是想要把手机拍的照片进行拼图。遂给他推荐了美图秀秀App。后来，他再也没跟我提过PS的事了。

Why：你为什么学习PS？做事情之前先问为什么，可以帮我们认清目的——对手机照片进行拼图。

How：怎么样才能完成手机照片的拼图？当问出这个问题时，其实就会有很多开放性的答案，而且有比学习PS，更简单、更容易实现的方案，比如美图秀秀。

What：要把这件事做成什么样？直接按照美图秀秀引导一步步操作即可得到最终拼图。

如果你做事情，只考虑要做什么，怎么去做，其实是有很大问题的。就像案例中的小伙伴那样，因为自身知识的局限，只想到用PS去解决。

如果我没有问他为什么学PS，直接给他资料。估计用不了多久他就会放弃，不但白白浪费了时间，而且目的还没有达成。

What-Why-How：主要用于介绍概念/事物。

这种结构非常适合用来介绍新的概念/事物。先说清楚这是什么东西，接着说清楚这东西为什么这么重要，这时候大家才会对这件事情感兴趣。所以最后说怎么做，就是顺理成章的事情了。

3.2 SCQA模型

3.2.1 如何牢牢抓住读者注意力

SCQA模型是一个“结构化表达”的工具，也是由芭芭拉·明托在《金字塔原理》中提出的，SCQA是指：

S(Situation)背景——大家都熟悉的情景、事实

C(Complication)冲突——和常识出现冲突的情况

Q(Question)疑问——为什么？原因在哪里？

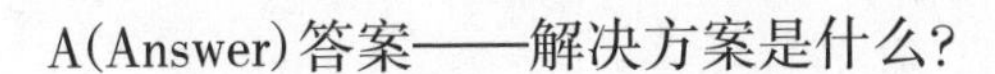

A(Answer)答案——解决方案是什么?

SCQA最大的魅力在于,能牢牢抓住读者的注意力。原理是这样的:先通过大家耳熟能详的情景,营造一种熟悉的感觉。在大家觉得很熟悉时,抛出冲突,引发观众的疑问。有了疑问,就会迫切想要知道答案。于是注意力自然被吸引。

3.2.2 SCQA的四种常见形式

SCQA并不止一种顺序,根据想要突出的重点不同,可以选择不同的顺序。

常见的四种顺序如下。

1. 标准式(SCQA:背景-冲突-问题-答案)

适用范围比较广泛,用来作为开场白、书记的序言和引言部分都非常合适。

S:大家都说学习office可以提升职场竞争力。

C:office技能没少学,却没感觉到有多大提升。

Q:这是为什么?

A:因为内容比形式更重要,想要提升职场竞争力,需要清晰的表达和office的技能两手抓。

2. 开门见山式(ASC:答案-背景-冲突)

这个顺序比较适用于向上级汇报,因为把重点的信息放在最前面,也会吸引别人对你的理由更加关注。

A:领导,我要加薪。

S:我来公司时间不长,按理说不能这么早提出加薪。

C:但是我的表现特别突出,我刚刚签下一个100万的订单。

3. 突出忧虑式(CSA:冲突-背景-答案)

这个顺序能用冲突引起听众的忧虑,让读者/听众在强烈的情绪下,自然地认同答案。

C：你的病情有点严重。

S：还好，只要及时做手术就没事。

A：你要不要考虑住院做手术？

4. 突出问题式（QSCA：问题－背景－冲突－答案）

Q：导致周末学习效率低的主要原因是什么？

S：我周末有充足的时间可以学习。

C：但是却被微信、QQ把时间切割的稀碎。

A：所以在周末学习时，把手机调成勿扰模式。

综上所述，SCQA架构是一个“结构化表达”工具，有四种用法：标准式（SCQA）、开门见山式（ASC）、突出忧虑式（CSA）、突出问题式（QSCA）。

Word 篇

- ☑ 用Word呕心沥血码了几千字，突然停电，一切都白费了；
- ☑ 手工编写目录，内容一改，全部推倒重来，累到怀疑人生；
- ☑ 只会手动调整格式，领导对样式不满意，加班加到天荒地老；
- ☑ 本章将教你使用Word的正确方法，从此和这些问题说再见！

第一章

引发加班的坏习惯

1.1 没保存就编辑

小王今天特别兴奋，因为冥思苦想很多天的方案，终于有了一个很好的灵感。他在电脑上奋笔疾书，键盘都快要飞起来了，就在这时，突然“啪”的一声，整个办公室停电了。

几秒钟之后，电力恢复，小王立即启动电脑，但是看到那个原本满满当当的文档变得空空荡荡之后，小王只能长叹一口气。

几乎每个人一开始使用Word时，都遇到过这样的问题，突然断电，却想起来还没保存，然后一切化为乌有。“没保存”可以称为Word最烦心事之一，但这个烦恼却是完全可以避免的，养成好习惯就可以。

好习惯是什么？

1.赋予姓名。

新建文档之后必须立刻保存，给它起个名字。这时，它才能保存在你的电脑硬盘上，否则它只是在你的内存上，一断电就什么都没了。这一步至关重要，一定要先保存！先保存！先保存！重要的事情说三遍。

2.不停地保存。

上一步保存好之后，并非一劳永逸，随着你的编辑内容逐渐增加，你需要不断地保存，请记住快捷键是“Ctrl+S”，你需要不停地按这个快捷键，只要想起来就按。

3.自动保存。

写作时你可能会进入一种忘我的状态，会忘记按保存键。那怎么办？其实还可以设定自动保存。

高级设置一：缩短自动保存间隔。

Word自动保存的默认设置是10分钟保存一次，大家可将其调整为5分钟，如果还是担心会出现意外，调整为3分钟也是可以的。

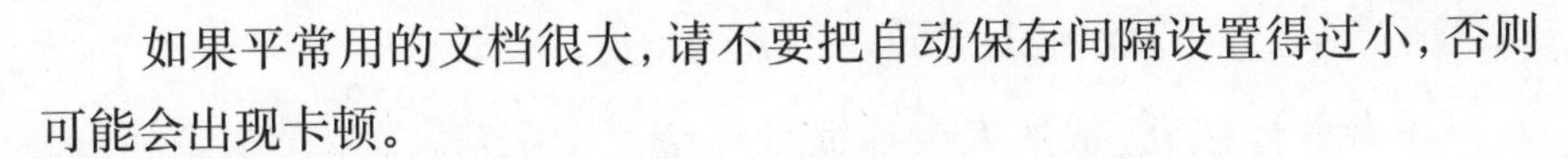

如果平常用的文档很大，请不要把自动保存间隔设置得过小，否则可能会出现卡顿。

自动保存的设置方法：

（1）点击“文件→选项→保存”。

（2）修改保存间隔为5分钟。

（3）勾选“如果未保存就关闭，请保留上次自动保留的版本”。

高级设置二：云端存储，全自动保存。

如果你使用的是office365，软件应该还会附送1TB的OneDrive云端存储，当你直接把文档存在云端时，将可以开启全自动保存功能。只要是联网状态，文档就会自动保存，适合在网络不间断的环境中使用。

自动保存的前提是文档存储在OneDrive中，且保持联网状态。

当你养成这些好习惯时，文档安全性会大幅度提升。就算出现意外，损失也会很少，可能只是丢掉前五分钟编辑的文字。所以一定要养成保存的习惯，这是后续一切技巧可以发挥的前提保证。

1.2 用空格来对齐

小王今天又遇到烦心事。领导让他整理一个文档，标题很奇怪，明明设定的是居中格式，但是总是感觉不在最中间。小王完全接受不了这种情况，但是怎么调都调不好，也不知道问题出在哪。

其实这可能是由一个小小的空格引发的“血案”。在排版时，有人喜欢使用空格。比如，用空格来让文字居中、居右或者增加缩进，这样在表面上是看不出来的，但是一旦你需要调整格式，这些空格就是隐患。

如果不显示“编辑标记”，看不出来文档使用了空格，但是空格却切切实实存在。

由于空格是字符，所以当你进行居中或者是进行其他的排列时，空格也要算在文字里面，就会导致对不齐的情况。

还有首行缩进，很多人会习惯首行空两个字符，多用空格来实现。问题是，这样不仅费时费力，有时第一个字如果是英文或括号，文档反而会对不齐。

因此，千万不要再用空格排版，除了给自己和他人留下隐患，没有任何好处。正确方式是使用“对齐工具”来对齐，使用“首行缩进”来控制缩进。

对齐工具的主要作用如下，根据不同的情况灵活使用即可。

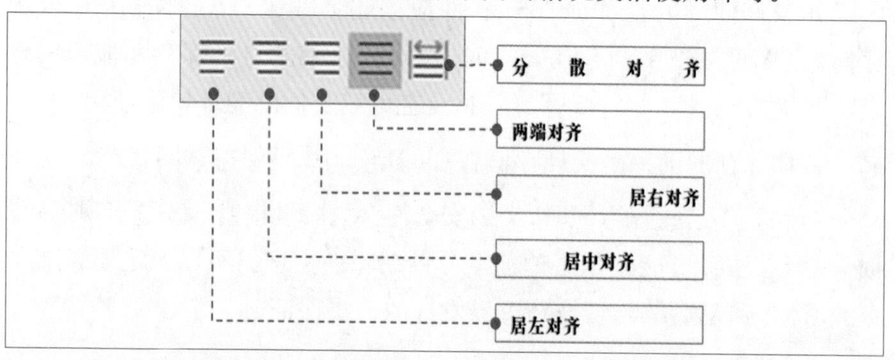

首行缩进的正确设置方法是在“段落属性”内设置。详细的操作方法为，选中段落，鼠标右键，在“段落”中进行设置，详见下图：

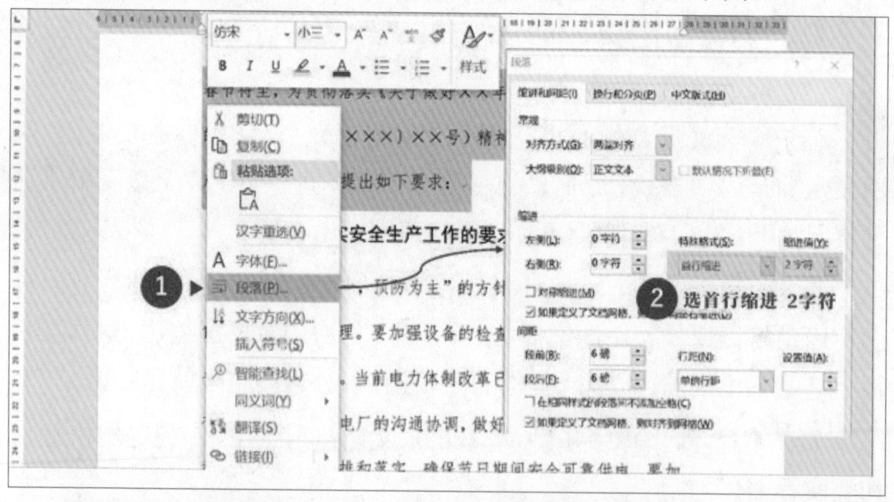

在office365最新版本中，“空格”已经被智能化处理了，就算你是用

空格来排版，使用对齐工具时，空格也会自动清除。而使用空格来缩进，会自动调整缩进，而不是增加空格。

1.3 回车控制分页

小王这两天在排版一份几十页的调研报告，文稿中有很多图片，小王好不容易排版整齐，但是领导临时又加了两张图片，版式一下子全乱套了。关键是这个报告马上就要印刷，急得小王满头大汗。

原来小王是用回车来控制段落间距和分页，插入图片之后，原来调整好的内容一下子全乱套了。

1.1.1 智能搜索框

快速上手的秘密武器：【智能搜索框】，位置见下图：它的作用很神奇，就是可以直接在搜索到你想要的功能，比如输入“格式刷”就可以直接找到【格式刷】按钮。有了它，再也不怕在新界面里找不到按钮了。焦虑感大幅度降低了吧？

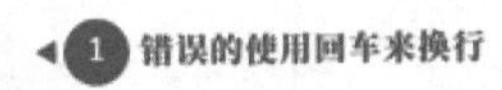

1.1.2 快捷功能提示

当你换成 Office365 时，界面的很多图标都不熟悉，怎么破？其实 Office365 自带有功能提示，只要鼠标悬停在某个按钮上，就会给出功能提示。以 Word 为例，鼠标悬停在某个图标中，就会给出功能提示。

Tips：

如果时间允许，建议找 30 分钟专门来熟悉下常用按钮位置和功能，做到心中有数。

1.1.1 智能搜索框

快速上手的秘密武器：【智能搜索框】，位置见下图：它的作用很神奇，就是可以直接在搜索到你想要的功能，比如输入“格式刷”就可以直接找到【格式刷】按钮。有了它，再也不怕在新界面里找不到按钮了。焦虑感大幅度降低了吧？

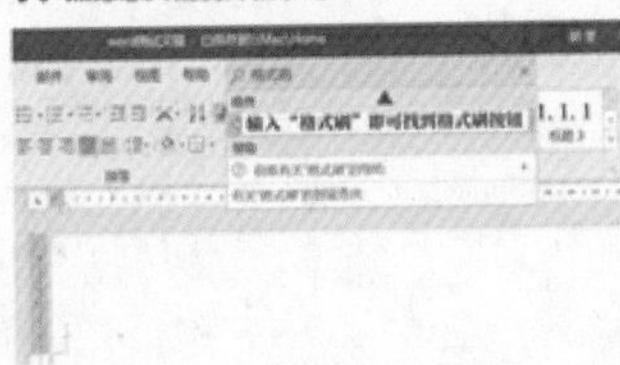

1.1.2 快捷功能提示

当你换成 Office365 时，界面的很多图标都不熟悉，怎么破？其实 Office365 自带有功能提示，只要鼠标悬停在某个按钮上，就会给出功能提示。以 Word 为例，鼠标悬停在某个图标中，就会给出功能提示。

Tips：

如果时间允许，建议找 30 分钟专门来熟悉下常用按钮位置和功能，做到心中有数。

那不用回车用什么？可以使用分页符来完成。分页符的快捷键为"Ctrl+Enter"，如果显示"编辑标记"，也可以看到"分页符"三个字。

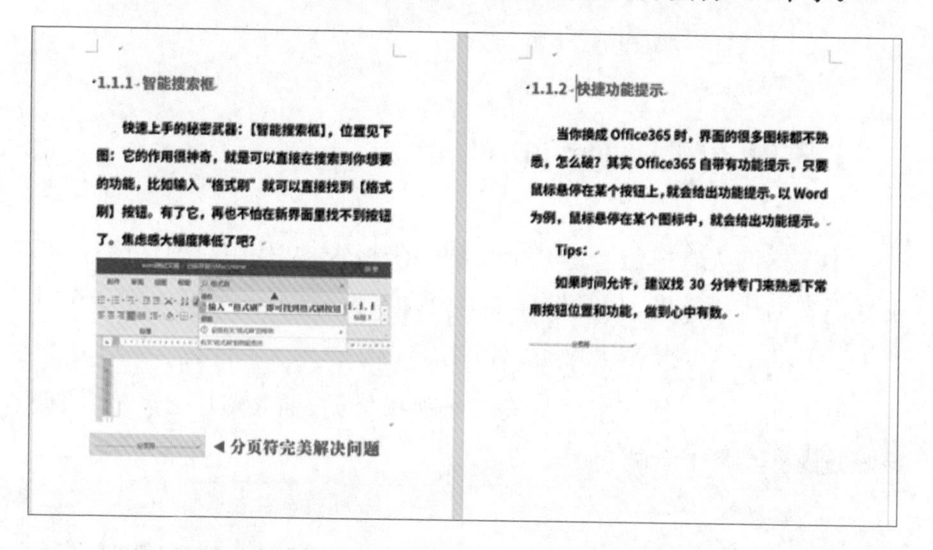

还有一个错误使用回车的做法是用它来控制段落间距。这样不但费时费力，且并不灵活，只能以行的整数倍来控制，打一行太窄，打两行又过宽，也会造成上面的排版困扰。

正确的做法是在段落属性中使用"段落间距"来调整，不但灵活多变，而且只需设置一次，便可反复使用。

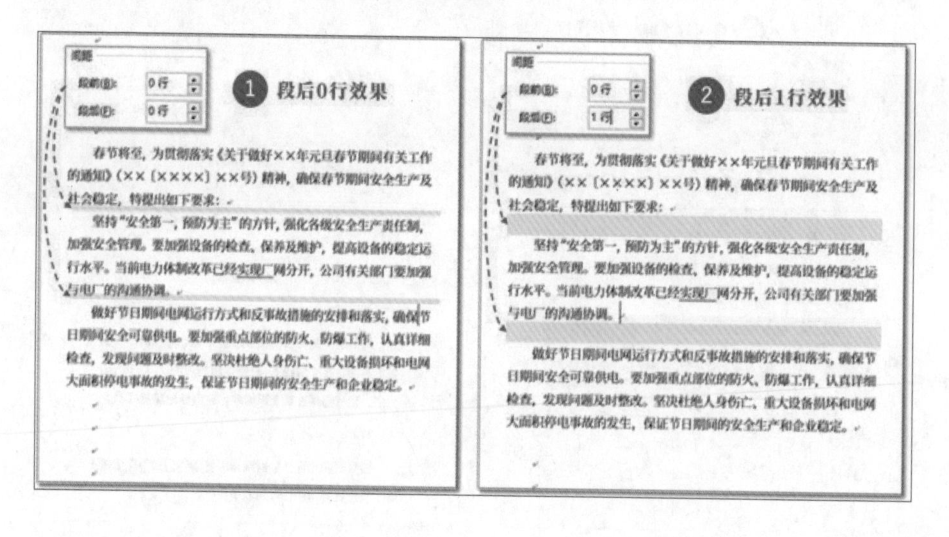

1.4 手动调整样式

小王好不容易解决了间距的问题，领导又给出难题。领导发现别的公司的文档格式很好看，让小王重新调整格式，把正文字体全部换成思源黑体，小标题一律用思源宋体，小王十分苦恼，于是又加班几个小时。

小王是手动调整文档样式的，修改起来也是一个一个段落去修改，所以加班是必然的。

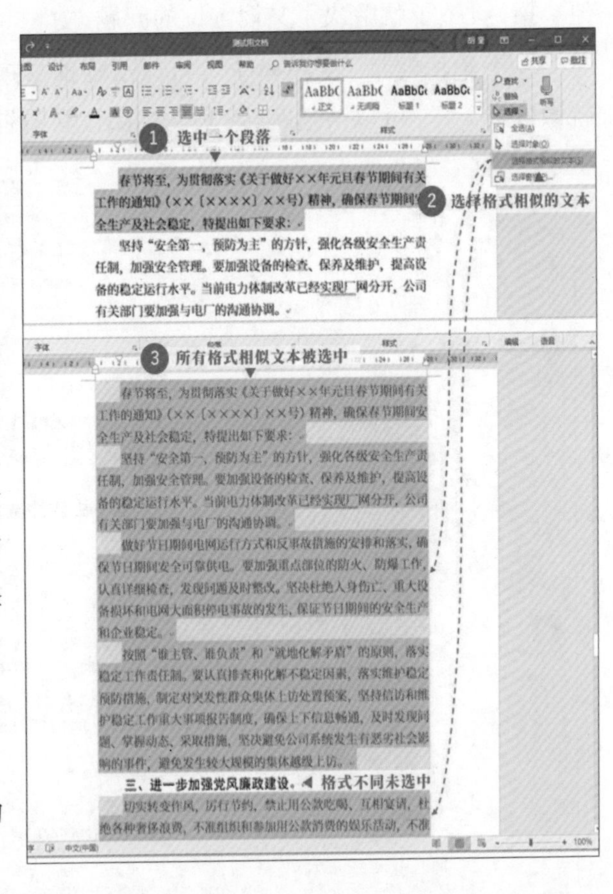

怎样避免这个问题？其实一开始使用“样式”来排版，将会大幅度节省修改时间，可以快速做好。具体如何设置和操作，将在3.2章节详细展开。

假如真的遇到别人编写的文档，都是手工编写，需要修改怎么办？只要这些文档有比较统一的格式，就可以使用这个技巧：选择格式相似的文本。

操作步骤如下：

1. 选中某个段落。

2. 选择格式类似的文本。

3. 批量调整样式即可。

1.5 翻页只能靠滚动

这天领导给小王一个文档，让小王修改，但这次是领导口述，小王直接在文档上修改。小王自然不敢怠慢，撸好袖子，竖起耳朵，开始认真听，但是没一会儿，小王就崩溃了，因为领导是这么说的：

第2章，第3小节，第一段后面，加入一段，内容是……

第5章，第2小节，第三段后面，加入一段，内容是……

小王翻页翻得眼冒金星，也没跟上领导的速度，最后领导出手教了他一招，一下子就解决了文档定位的问题。

这个绝招就是"文档导航"，可以清晰地呈现整个文档的结构，而且就像目录一样，可以快速跳转，长文档阅读必备神器！

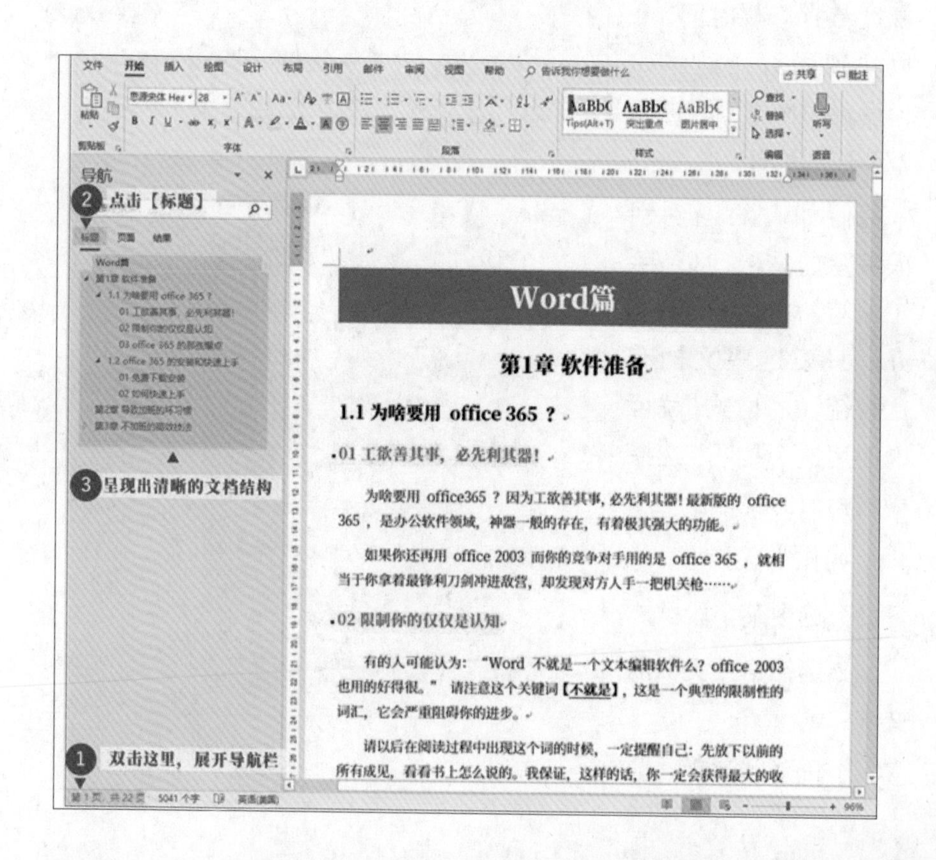

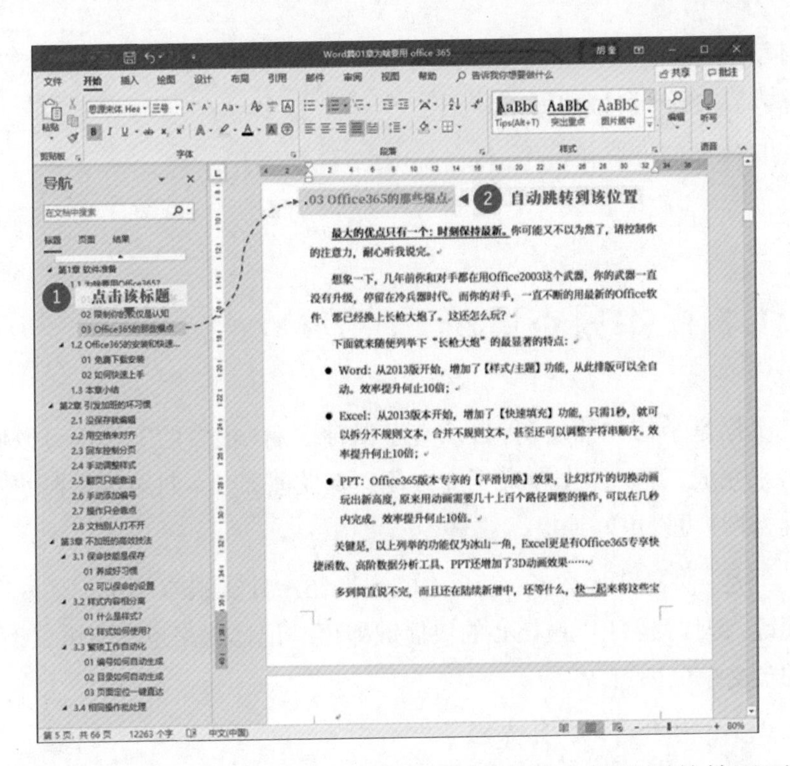

需要注意的是“文档导航”只有在有清晰的大纲级别的情况下，才能准确呈现，“文档导航”还有其他更多神奇功能，请参考3.3章节。

1.6 手动添加编号

小王又犯错误了，还是上次那个报告，出现了新问题。领导插入一个新章节，同时又删除一个章节，结果前前后后的编号全乱套了。

原来小王在一开始编号时图简单，使用的是手工编号的方式，这种方式无法灵活地应对变化，对于追求完美，不断修改的领导来说，每一次修改，就意味着小王需要把大部分的编号重新手工改一遍。不但速度很慢，而且容易出错。

怎么解决这个问题？其实Word中早已经有很好的解决方案，那就

是自动编号，甚至多级编号都是可以自动生成的，而且可以随意增加和删除内容，编号会自动更新。

具体如何设置和操作，将在2.3章节详细展开。

1.7 操作只点鼠标

鼠标是个伟大的发明，自从有了鼠标之后，很多的工作都可以使用点击来完成，确实操作起来更加方便。在此基础上，如果再掌握一些快捷键，往往可以更好地提高效率。

但是，快捷键那么多，怎么才能记得住？其实根本不用记住复杂的快捷键，记住最常用、最核心的快捷键即可。记忆起来也很简单，记住对应的英文单词即可。

Ctrl+S(Save)：保存

Ctrl+A(All)：全选

Ctrl+B(Bold)：加粗

Ctrl+F(Find)：查找

Ctrl+N(New)：新建

Ctrl+O(Open)：打开

Ctrl+P(Print)：打印

还有一个超级实用的快捷键是F4，它是“模拟达人”，作用是重复上一步操作，用得好可以极大幅度地提高效率。

列举比较常用的几个功能：

1.快速粘贴

如需对某些文字反复粘贴，只要粘贴一次之后，再次粘贴只需要使用F4键即可。

2. 复制格式

选中某个文字，加上底色，再选中另外一段文字，按下F4键，第二段文字也会加上底色。

3. 调整图片

如果有很多图片大小不一，全部需要统一大小。调整完一张后，直接使用F4就可以应用到其他图片，非常方便。

1.8 打不开的文档

世界上最痛的苦事情，是我发的文档你打不开。自office2007之后，Word文档格式发生了巨变，最明显的变化就是增加了后缀名为.docx的格式，更安全，也更节省空间。

但是新的格式不能被Word2003打开，痛苦的是，有相当一部分人，包括你的领导，可能都在使用Word2003，这样一来，他们根本打不开用高版本Word创建的文件。

所以这个问题一定要注意，轻则被认为能力有问题，重则可能会失去工作。所以必须考虑兼容性问题，在对方使用office版本不明的情况下，主动将文件另存为.doc格式(另存为的快捷键是“F12”)。操作方法：“文件名→另存为→Word 97-2003文档.doc”。

每当不好的习惯产生不良影响时，都会给我们增添很多麻烦。为了以后不再浪费更多的时间，就应当养成高效的习惯。

争取做到烦琐工作自动化，相同操作批量处理，重复工作有模板。

第二章

不加班的高效技法

2.1 样式内容相分离

你是怎么撰写一篇工作文档的？是先把内容写出来，再去调整格式，还是边写边调整格式？不管采用哪种方式，有没有发现，样式和内容，是两个互相独立的维度？假如样式可以全自动调整，是不是就可以大幅度的提升效率？

样式如何才能自动调整？从office2013开始，微软给出了一个神奇的功能：样式。这是格式调整的一个里程碑，从此，Word格式调整进入自动化的新纪元。

2.1.1 什么是样式？

样式可以理解为一个个提前设置好的"格式刷"，只不过这些"格式刷"是单独存储某种样式，比如大标题、小标题和正文可以分别设置不同的样式。在Word里面，样式设置的位置见下图：

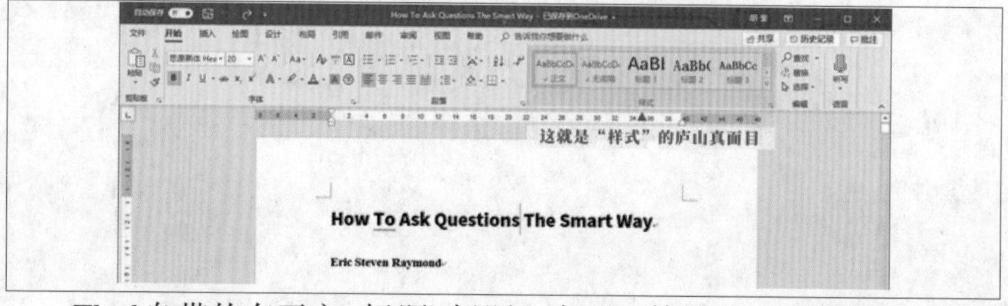

Word自带的有正文、标题、标题1、标题2等样式，这些样式将会是整个排版工作的核心。在后期章节中将会有详细的描述，现在先来简单认识一下它们。

2.1.2 样式如何使用？

"样式"的设定有很多种方法，除非有特殊需求，需要新建样式，在通常情况下，都可以通过修改Word自带的几种样式，来满足需求。具体操作是：先设定一个段落的样式，再同步到某个“样式”中，这样就完成了一个“样式”的设定。

操作步骤：

1.设定一个段落的样式，如设定为“思源宋体，20号，居中”；

2.选中刚刚设定好的段落，右键单击“标题1”样式，选择“更新标题1以匹配样式”。

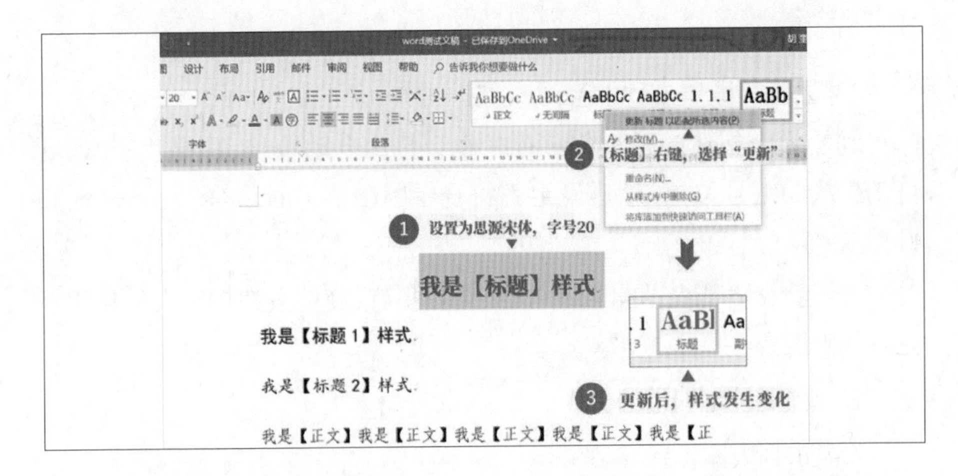

“样式”可以包括字体、字号、颜色、缩进、段落、自动编号等，基本上你能想到的和样式相关的属性，都可以存储在某个“样式”之中。

设定完样式之后，就可以应用这个样式了，应用的方法很简单，用鼠标点击某个段落(不需要全部选中)，再点击想要的“样式”即可应用。

“样式”是按照段落来划分的，如果在段落的内部有特殊的样式，比如有几个字要加粗，还是需要手工调整。

如果有特殊格式需求，比如把黑色加粗的文本变成红色加粗文本。这个可以使用后面章节提到的“查找和替换”功能(具体请参考3.4章节)。

样式内容相分离。“样式”是Word排版的不二神器，请务必掌握使用方法，高效排版在向你招手。

2.2 烦琐工作自动化

手工对标题进行编号，要浪费很多时间，想一想，普通一个文档就有几十页！

中间插入/删除一个编号，后面的编号就要全都改一遍！

现在教你一个好方法，一劳永逸地解决编号问题。

2.2.1 编号如何自动生成

其实大家都体会过，Word有时候会帮你自动编号，但是由于Word自动生成的编号位置、缩进设定不符合中国国情，所以很多人都放弃了自动编号。

今天我就要帮自动编号正名，只要用得好，就能发挥出很大的作用！先看基础操作：

1.选中要设定编号的文字。

2.点击列表图标。

3.选择列表样式。

但是普通的编号意义不是很大，因为只有一个层级，而多级列表，才是编号真正体现出威力的时候。

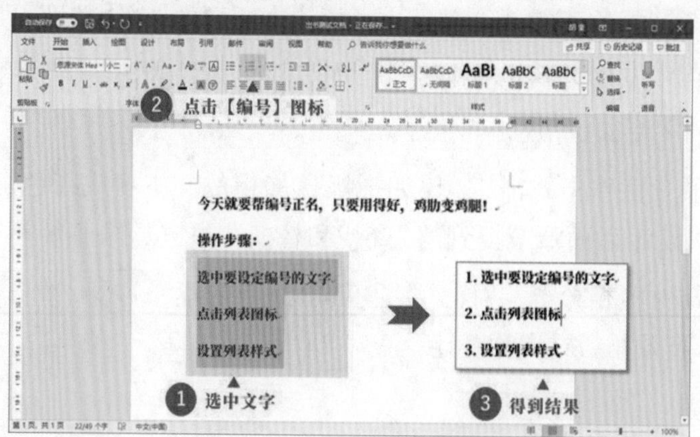

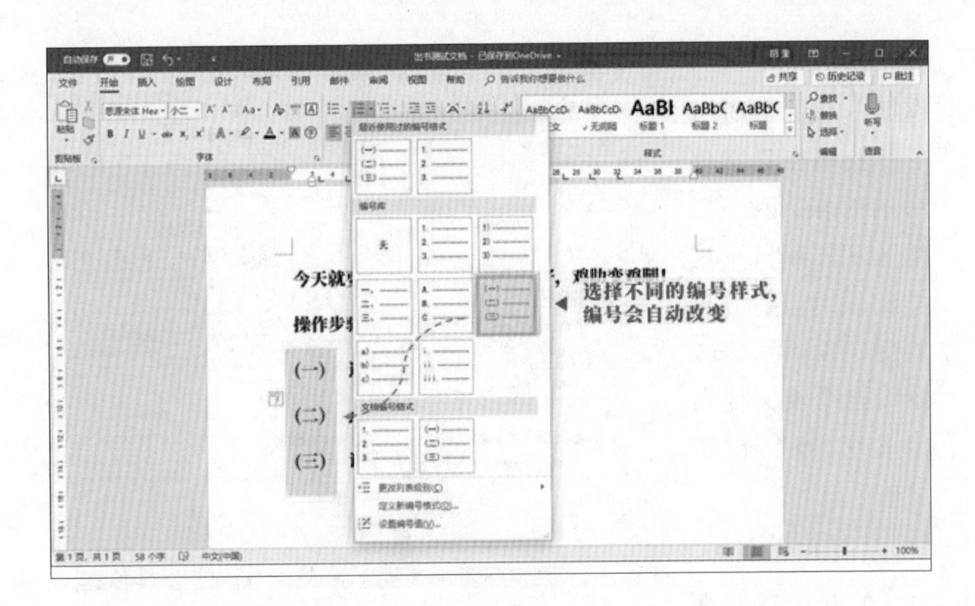

Step1：设定多级编号

1. 设定“标题1”和“标题2”的样式；

2. 选中上一步要进行设定的两个段落；

3. 点击多级列表图标；

4. 选带“标题”的多级列表。

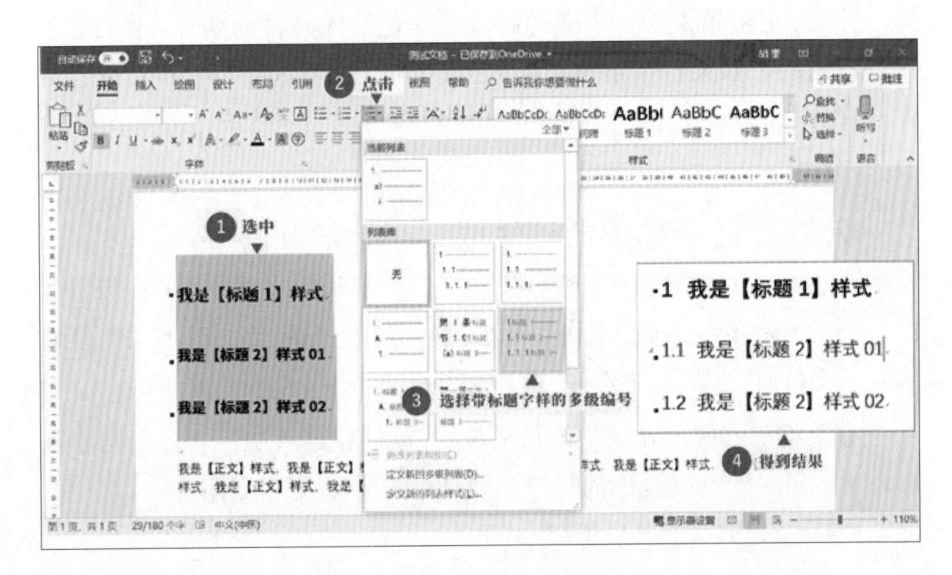

Step2：调教列表样式

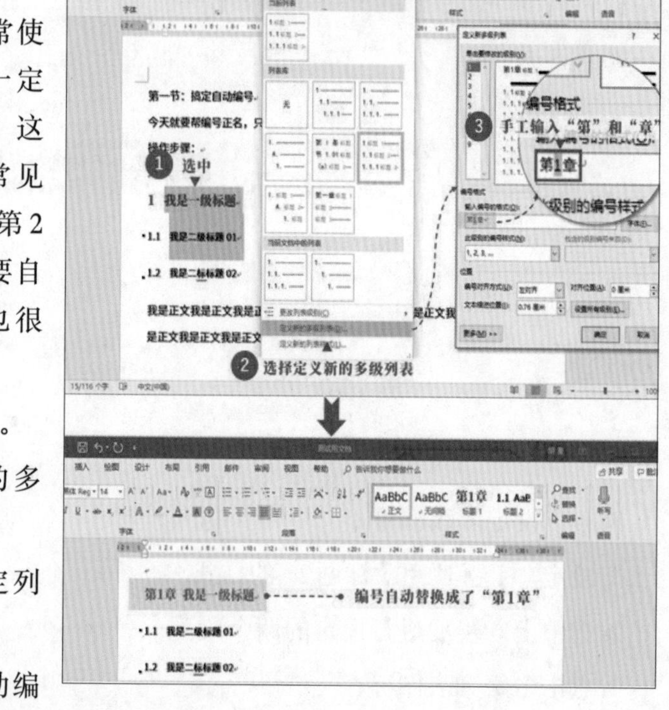

我们在日常使用的时候，不一定是使用“1.2.3.”这样的编号，更常见的是“第1章、第2章”，这个就需要自定义了，操作也很简单：

1.选中文字。

2.定义新的多级列表。

3.手工设定列表样式。

掌握了自动编号，再也不怕浪费大量时间在编号上。

注意，上图第3步中，“1”的背景是灰色的才能自动编号，手工敲上去是没用的。如果背景不是灰色，建议按照上方的Step1和Step2重新操作一遍。

2.2.2 目录如何自动生成

小王今天刚刚到公司，领导就发来一个很长的文档，让小王编个目录。小王当然不敢怠慢，飞快敲键盘，顾不得吃早饭，2小时手工把目录编号。交稿时，领导却突然说，在中间加几页内容，小王非常苦恼。

如果小王掌握了自动生成目录技术，就能快速解决问题。怎样才能自动生成目录？前提是你的文档必须具备正确的大纲级别。

什么是大纲级别?

大纲级别可以理解为一种层级，大纲级别是Word生成目录的唯一依据。把文稿转换成“大纲视图”会更容易理解。

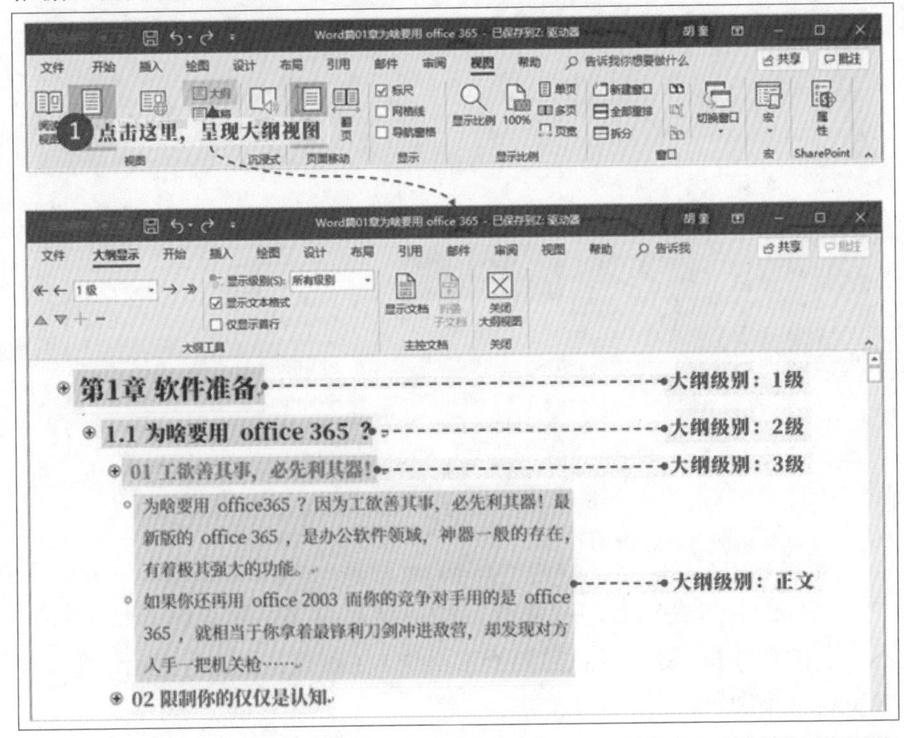

注意不同的大纲级别用不同的缩进来表示，大纲视图的好处就是你可以清晰地看到文章的结构。大纲级别可以手工调整，只需要点击对应文字，调整级别即可。

但是，不建议手工调整大纲级别，因为这样不但慢，而且会给以后的排版和目录自动生成留下隐患。

其实Word自带的“标题1”“标题2”“正文”样式是自带大纲级别的，对应关系为：

标题1→大纲级别1级

标题2→大纲级别2级

正文→大纲级别正文

所以，只要设定好样式，并且设定好自动的多级标题，大纲级别是自动提取好的，这种情况下，只需要按照下述方法插入目录即可：

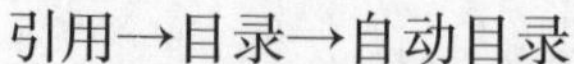

引用→目录→自动目录

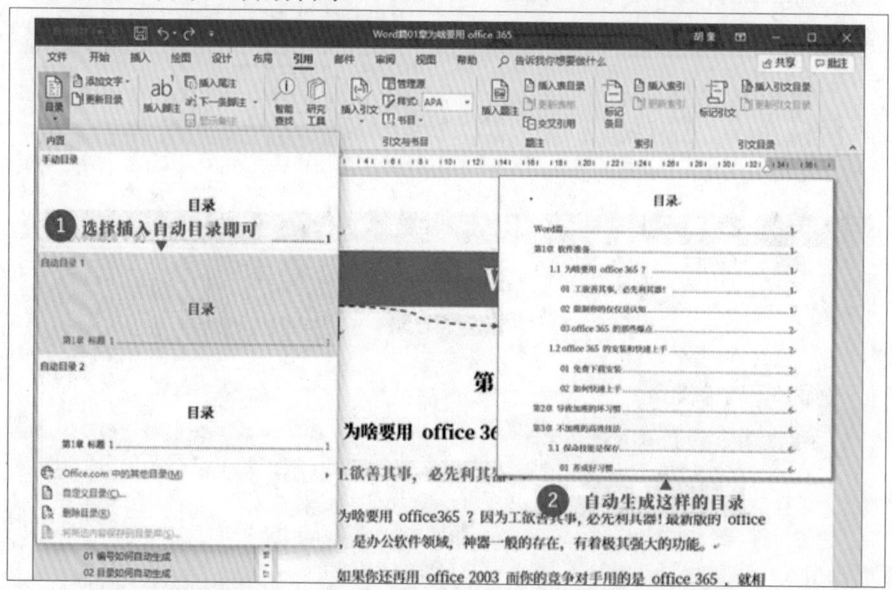

生成的目录会随着内容修改自动更新目录文字和页码，十分方便。不过要注意的是，更新目录需要手工操作，在调整文档内容之后，直接右键更新目录即可。

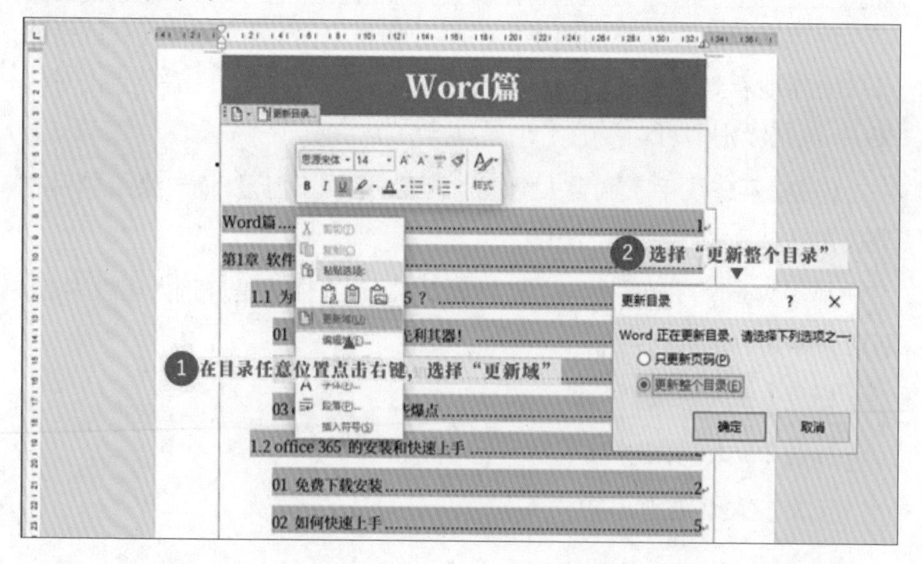

2.2.3 页面定位一键直达

当相应内容都设定好对应的大纲级别之后，在“页面导航”栏，就可以看到整个文章的结构了。

“页面导航”栏不但有呈现目录的作用，而且可以点击小标题，跳转到相应的章节位置。从此长文档预览和定位不再是困扰。

最厉害的是，页面导航内的小标题是可以自由拖动的，当你需要重新排布结构时，直接拖动相应的内容到相应位置即可。比如现在要把第1章和第2章完全对调。

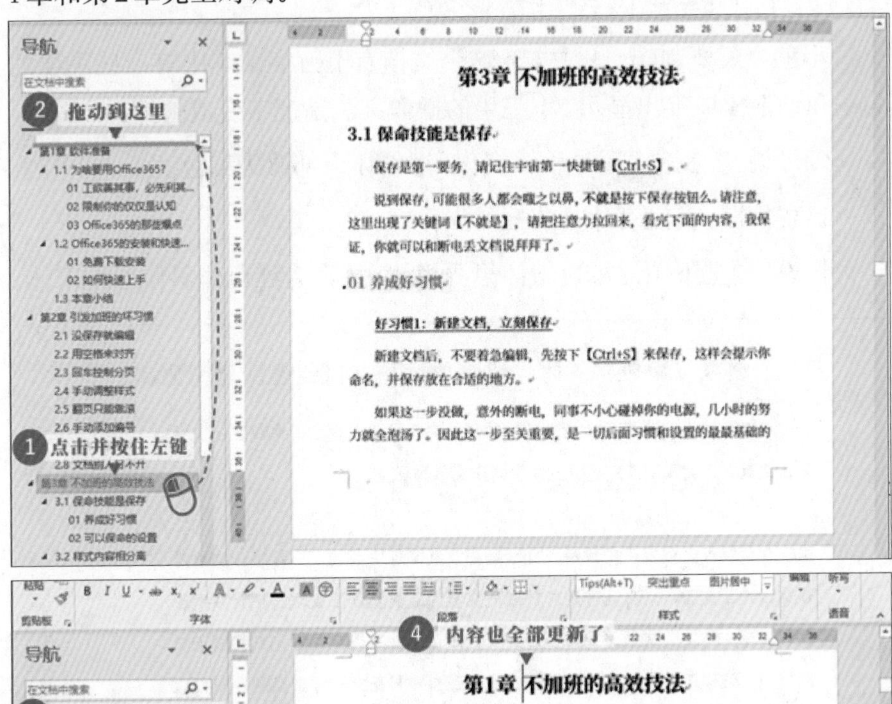

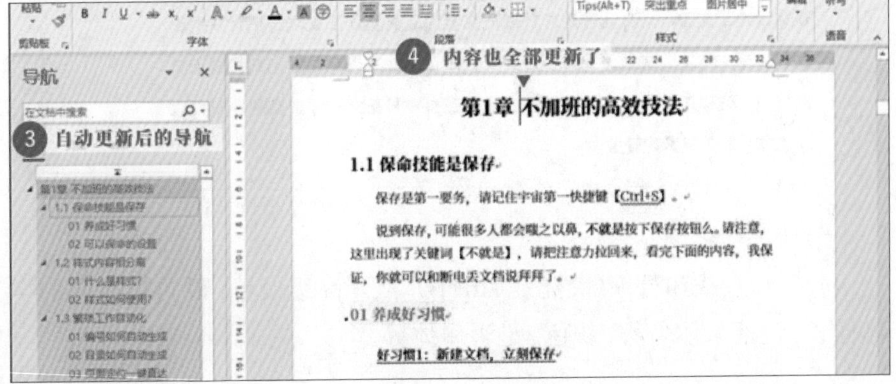

2.3 相同操作批量处理

2.3.1 神奇的“查找和替换”

提到“查找和替换”，你会想到什么？可能会想到用它来批量查找和替换某些词汇。没错，但这只是其功能的冰山一角。

2.3.2 特定格式批量修改

小王今天要制作一份文档，这个文档有上万字。其中有一些重要的句子和词汇需要突出显示，小王用的操作方法是把字变成斜体。

领导说：“你这样还是不够突出，把斜体全部改为红色。”

这种情况，有没有什么快捷的操作？

假设，要把下图的橙色斜体思源黑体，替换为红色非斜体思源宋体。

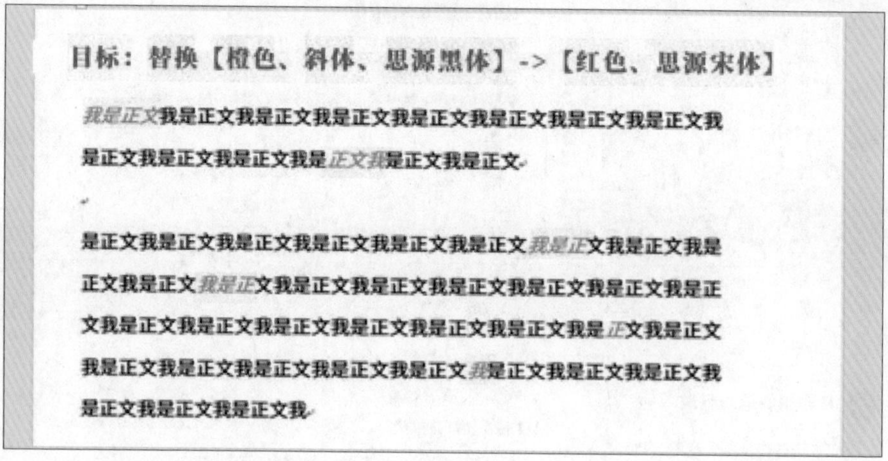

目标：替换【橙色、斜体、思源黑体】->【红色、思源宋体】

*我是正文*我是正文我是正文我是正文我是正文我是正文我是正文我是正文我
是正文我是正文我是正文我是*正文我*是正文我是正文

是正文我是正文我是正文我是正文我是正文我是正文*我是正*文我是正文我是
正文我是正文*我是正*文我是正文我是正文我是正文我是正文我是正文我是正
文我是正文我是正文我是正文我是正文我是正文我是正文我是*正*文我是正文
我是正文我是正文我是正文我是正文我是正文*我*是正文我是正文我是正文我
是正文我是正文我是正文我

具体操作步骤：

1.打开查找和替换(快捷键Ctrl+H)，点开高级设置，设置被替换的字体样式，包括字体名称、颜色、是否斜体等。

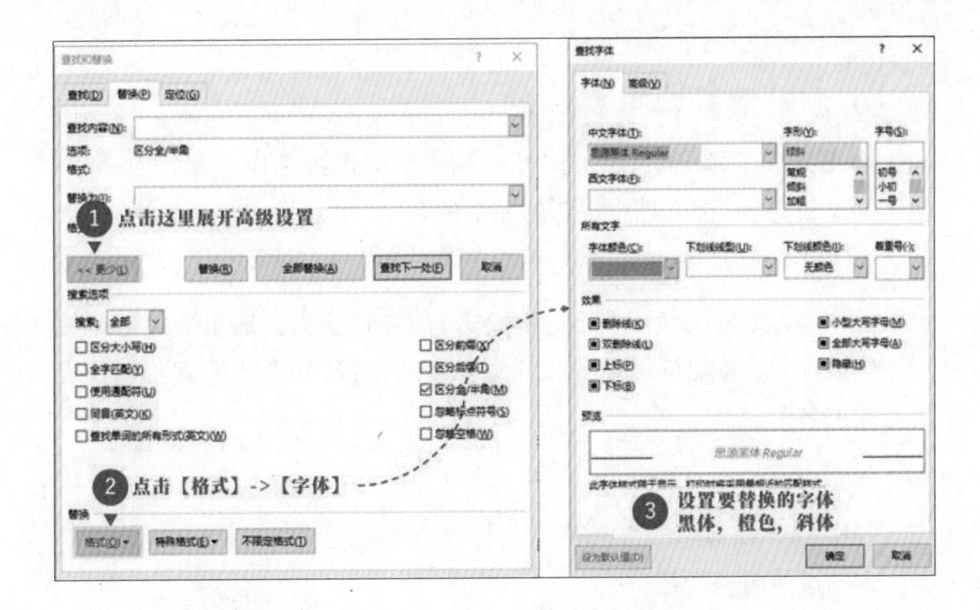

2. 点击“替换为”框，设置替换字体样式。

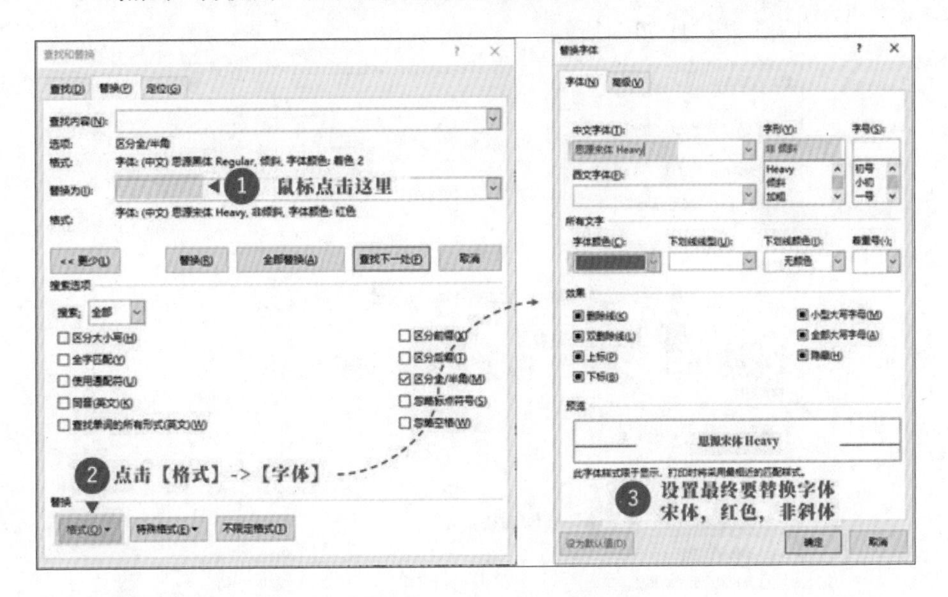

设置完成后，再次检查确认是否是正确的。

以上步骤全部完成后，按一下“全部替换”，就能完成。

2.4.3 通配符批量替换

小王完成了领导交代任务，信心满满地去汇报工作。领导很满意，但是提了新要求：把文档中提到的图书的名字，全部换成红色字体。

每一个书名都带有书名号，但是书名号里面的内容完全不一样。

这时，就要再次使用“查找和替换”的神奇能力。这里的关键是使用“*”通配符，通配符可以替代任意长度非字符，用“《*》”就可以代表所有的书名了。

设置步骤：

1.在“查找内容”一栏输入“《*》”。

2.勾选使用通配符。

3.在“替换为”一栏输入字体样式。

4.前后结果对比如图所示。

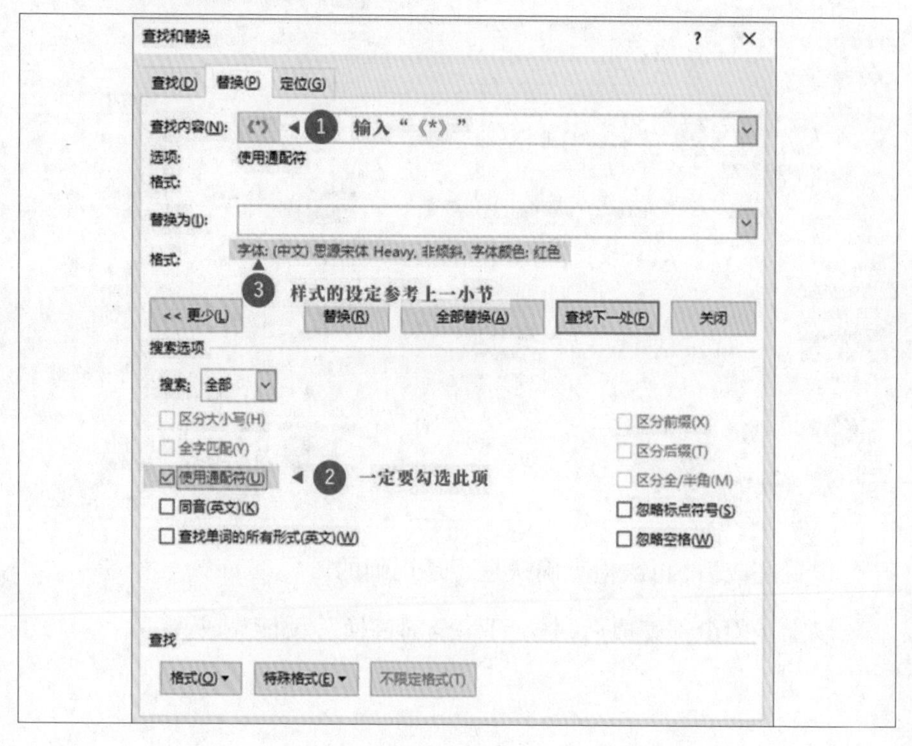

相同工作批量处理，不起眼的“查找和替换”，拥有很多神奇的功能，关键时刻帮你四两拨千斤。

第三章

Word排版秘籍

3.1 思路先行

Word有很多地雷：手动调整格式、手工编号、手工编写目录，但凡踩中一个，一定会加班加到痛不欲生。那么，为什么会踩雷呢?

因为行动之前没有思考。战略没想好，在战术上再勤奋也白搭。所以必须在行动前，进行清晰的思考，理清思路。

在Word排版这件具体的事情上，如何才能更有效地思考?

答案是：从需求开始，分布拆解，各个击破。仔细分析你在排版过程中的所有的需求，列出需求清单，找出对应方案，各个击破。

在思考清楚之后，下一步就要开始真正操作了。操作时，要明确行动、目标和成果，因为每个行动都是为了完成目标，而目标需要有相应的成果作为校验。列出这些内容之后，就可以踏踏实实推进任务了。

先从思路入手，一步步拆解和分析，在澄清思路的基础上，进行需求分析，样式的设定、测试和应用。只要想清楚了，做起来就很简单。

还有需要注重反思和复盘，梳理出工作流程、制作出属于自己的模板，在这个过程中，可能会踩雷，也会累积到一定的经验，一并记录下来。

如果每次都这样做，就算一开始是排版新手，但是只要经历四五次的排版实战，思路一定会异常清晰，而且会形成越来越好的模板文件。这种极大幅度节省未来成本+快速提升能力的事情，何乐而不为?

3.2 需求分析

需求分析是指要彻底地分析出自己的排版目标是什么，有哪些具体的要求。在进行需求分析时，我们可以列一个需求清单。

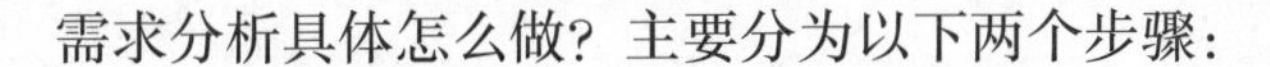

需求分析具体怎么做？主要分为以下两个步骤：

1.寻找范例、规范

在做排版时，其实是有一定的外在规范的，比如，行政公文有特定格式要求，公司的规范文档也有现成的格式要求。可以直接拿来作为参考。

2.提取具体要求

这一步要从上一步的规范中提取具体的需求，其实就是把规范中与排版相关的内容按照一定的结构梳理出来。落实到具体的要求，至少需要包含以下基本内容：

文档标题样式，对应到"标题"样式。

一级标题样式，对应到"标题1"样式。

二级标题样式，对应到"标题2"样式。

文档正文样式，对应到"正文"样式。

每种样式的字体、字号、缩进、行间距、段落间隔等都详细描述出来，这一步才算完成。以行政公文格式为范例，整理出的主要需求见下图。

行政公文主要格式需求：

- 主要标题（标题样式）：宋体、二号、加粗、居中；
- 一级标题（标题1样式）：序号为「一、」形式，黑体、三号、首行缩进2字符；
- 二级标题（标题2样式）：序号为「(一)」形式，楷体、三号、首行缩进2字符；
- 正文（正文样式）：仿宋、三号、首行缩进2字符。

3.3 样式设定

3.3.1 设定

需求清单完成之后，就可以设定样式了。由于前面已经讲了"样式""自动编号"等相关的内容，这一步就是把这些技能综合在一起使用，你会发现1+1远大于2。

按照需求清单完成样式的分别设定，文档标题对应"标题"样式，一级标题对应"标题1"样式，二级标题对应"标题2"样式，文档正文对应"正文"样式。如果还有其他的特殊需求，可以根据需求再增加样式。操作分为三步：

1.设定好每一种类型的样式；

2.分别去更新对应的样式；

3.测试一下样式是否正常。

3.3.2 测试

样式设定完成后，并不能直接开始撰写文档，还需要一个步骤——测试。这是重要的防风险策略，因为一开始可能我们考虑的并不周全，所以需要增加测试，看看文档呈现出来的样子，是否符合要求。

操作分3步：

1.新建测试文档。

2.应用样式。

3.打印预览检查。

重点检查项目：自动目录、自动编号、段落间距、文字缩进。

全部检查完毕，这一步就可以完成。

3.3.3 应用

测试完成后，就可以正式使用了。之后的使用就很简单了，直接点击相应样式套用即可，就会很轻松完成排版工作。

重点是，目录和编号是自动生成的，我们完全不用担心编号和目录错乱问题。

注意一个小窍门，效率可以再提升：因为正文的字数远大于标题的，所以先把所有文字设定为“正文”样式，然后再去一步步设定标题和小标题。这样会大幅度减轻工作量。

但是，还有一个重要的步骤要做，这个步骤就是复盘提升。

3.4 复盘提升

其实不必把复盘想得太过神秘和高大上，我们真正的目的是利用复盘来找出问题、提高效率。

3.4.1 梳理工作思路

这一次的工作是完成了，但是如果不梳理工作思路，以后遇到同类问题，还是从零开始思考，不但费时费力，而且可能还不够全面。所以，一定要把同类工作的思路梳理清楚。这样以后再做同类工作时，效率会大幅提升。

比如这一次的排版工作，就可以梳理一下流程。

Word排版流程：

1. 需求分析——整理出排版的所有需求

2. 设定样式——需求和样式一一对应

3. 样式测试——提前测试能预防风险

4.样式应用——使用样式完成排版

5.反思复盘——梳理流程，形成模板

埋下雷区：

一开始没注意段落间距，导致文档很拥挤，不好看。以后注意在设定样式时，就设定好段落间距。

心得体会：

同类型的工作一定要梳理流程、整理模板，这样做，以后效率将会大幅度提升。

3.4.2 制作样式模板

还有一个重要的工作需要完成，因为你可能会有同类的文档排版工作，所以需要形成一个模板。以后在排版时，就省去了前面的思考、设置、测试的步骤，打开文档模板，直接排版即可。

具体操作如下：

1.复制源文件

复制一份上一步排好版的文档，注意：千万不要在源文件上操作，一定要复制一份副本后再操作。

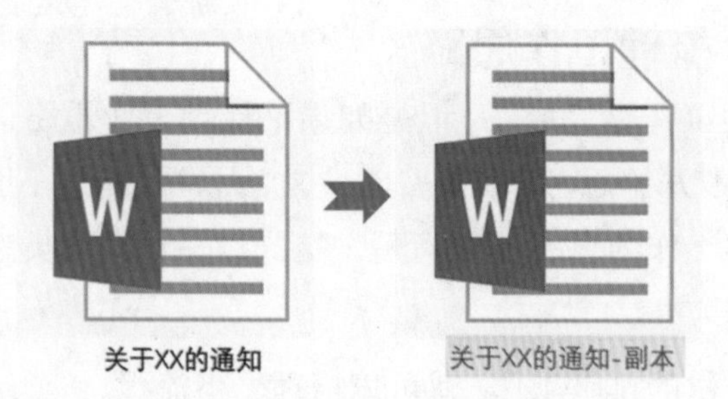

2.另存为模板

清除多余的文字内容，只留下范例说明。

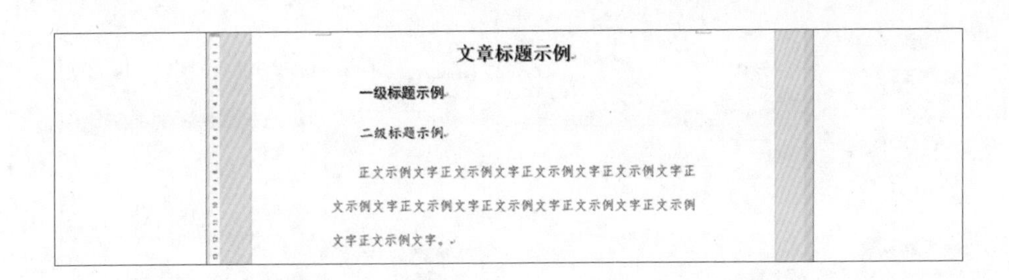

将上一步的文档另存为模板格式，操作为：文件→另存为→起个响亮的名字→Word模板(*.dotx)。

3.测试模板

随意粘贴或者输入文字测试模板内的各个样式是否都正常工作。

4.备份模板

模板文件，默认存储在“Document\自定义office模板”文件夹下。请一定把它从默认的文件夹中拷贝一份出来，放到合适的位置存储。比如，放到印象笔记中。

备份模板，是非常重要的一步，因为你有了备份之后，不用担心丢失，而且在其他电脑上也可以直接使用。

如果还需更具效率，可以把它放在同步云盘上，就可以实时同步到你的所有电脑上了。

3.4.3 操作快人一步

最后再介绍一个极限提升效率的小技巧——设定样式快捷键。样式快捷键可以通过快捷键快速应用样式，不用鼠标来回点选，效率又可以大幅提升。

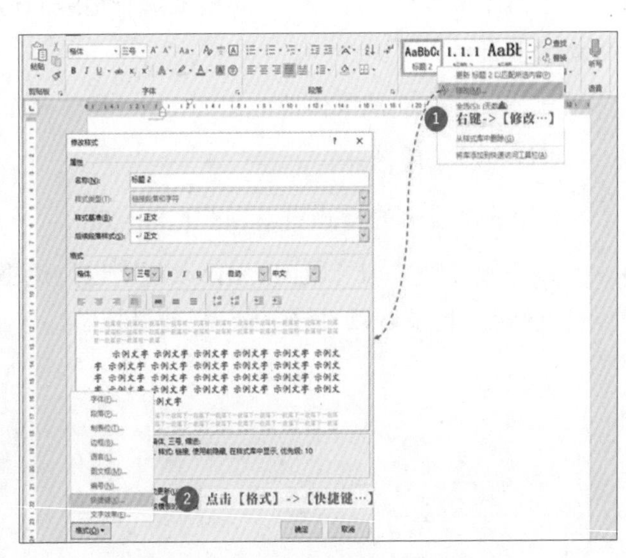

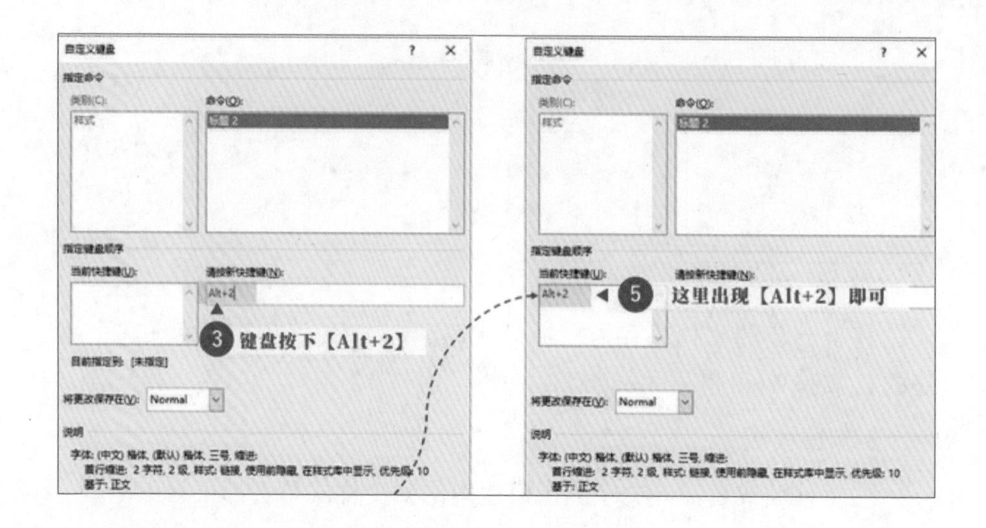

具体操作是为不同样式设定不同的快捷键，“标题1”就设定为Alt+1，“标题2”设定为Alt+2，“正文”设定为Alt+3。

3.4.4 从此不惧修改

看完了排版秘籍和模板制作，相信你的排版效率一定会大幅度地提升，但是，实际工作中还可能会遇到这样的情况：领导不开心，要换字体。这时怎么办？难道要把全部手工一个个段落调整吗？

显然不需要，因为这个自动模板具有很强的适应性。只需要简单的更新一下就可以了。

比如要把正文从宋体改为思源黑体，具体操作步骤如下：

1.修改一个段落。

2.把这个段落的样式更新到“正文样式”。

以后领导临时加一段内容，修改起来也只是小事一桩。因为编号可以自动修改，目录可以直接更新，只要模板做好了，从此不惧任何修改。

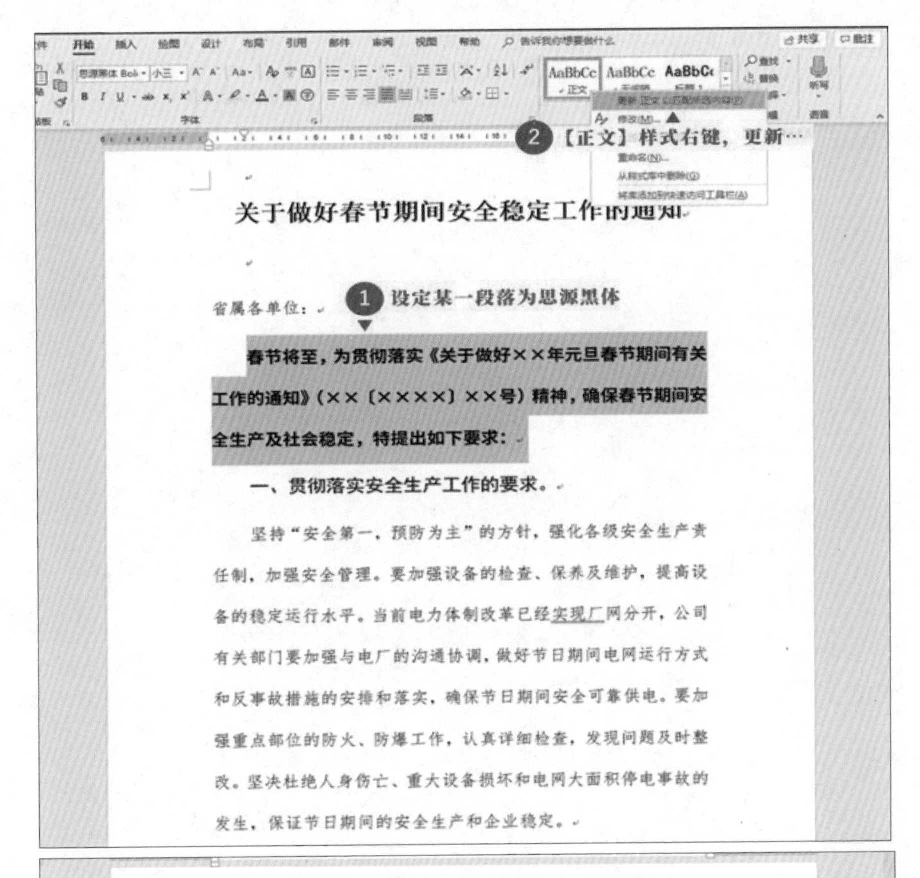

关于做好春节期间安全稳定工作的通知

省属各单位：

春节将至，为贯彻落实《关于做好××年元旦春节期间有关工作的通知》（××〔××××〕××号）精神，确保春节期间安全生产及社会稳定，特提出如下要求：

一、贯彻落实安全生产工作的要求。

坚持“安全第一，预防为主”的方针，强化各级安全生产责任制，加强安全管理。要加强设备的检查、保养及维护，提高设备的稳定运行水平。当前电力体制改革已经实现厂网分开，公司有关部门要加强与电厂的沟通协调，做好节日期间电网运行方式和反事故措施的安排和落实，确保节日期间安全可靠供电。要加强重点部位的防火、防爆工作，认真详细检查，发现问题及时整改。坚决杜绝人身伤亡、重大设备损坏和电网大面积停电事故的发生，保证节日期间的安全生产和企业稳定。

关于做好春节期间安全稳定工作的通知

省属各单位：

春节将至，为贯彻落实《关于做好××年元旦春节期间有关工作的通知》（××〔××××〕××号）精神，确保春节期间安全生产及社会稳定，特提出如下要求：

一、贯彻落实安全生产工作的要求。自动变为思源黑体

坚持“安全第一，预防为主”的方针，强化各级安全生产责任制，加强安全管理。要加强设备的检查、保养及维护，提高设备的稳定运行水平。当前电力体制改革已经实现厂网分开，公司

Excel 篇

- ☑ 面对大量重复数据，手工录入费时费力？
- ☑ 原始表格格式混乱，数据整理几乎崩溃？
- ☑ 数据格式没有统一，计算分析错误百出？
- ☑ 每次汇总计算数据，加班加到天荒地老？
- ☑ 只要弄清基本原理，Excel 其实很简单！

第一章

被误解的 Excel

1.1 Excel只不过是数据存储工具

小王是一个职场小白,刚刚入职半年左右。日常的工作就是处理各种数据、表格,最常用的工具当然是Excel。但是小王天天加班,隔壁桌同时入职的小张,却每天工作很轻松。

小王百思不得其解,决定找高手一探究竟。

高手:“你认为Excel是什么工具?”

小王:“Excel是一个数据表格,是数据存储的工具。”

高手:“还有?”

小王:“啊,还有?”

高手:“难怪你工作这么累,原来是对Excel有这么大的误解,它不单单是一个数据存储的工具,更是一整套效率工具。不论是数据的录入、整理、分析还是呈现,都是一把好手。”

高手:“你要是只把Excel来用存数据,就相当于用倚天剑去剁饺子馅,把超级跑车当作沙发坐,简直暴殄天物啊。”

这是要纠正的第一个误区,Excel不只是一个数据存储工具,它是一整套的数据整理分析呈现的神器。看完本书,你将会掌握Excel核心效率秘籍,加班从此是路人。

1.2 只有掌握大量函数才能高效率

小王自从听了高手建议,苦练Excel技能,通宵达旦地学习。

但很快,小王就被难住了。因为Excel的公式、函数太多了,多到学不完，学了也记不住。小王只好苦着脸去找高手请教。

小王："Excel函数太多了，根本学不完，学完了也记不住，如何才能系统地学习Excel函数？"

高手："你是学会所有的汉字才开始说话的吗？"

小王："当然不是，不过这和Excel学习有什么关系？"

高手："既然不是，那你为什么在学习Excel时，要求自己一定要掌握所有的函数？"

小王："……"

高手："Excel的函数确实非常多，但是大部分的函数是你暂时不需要的，比如你不是财会人员，你学一些会计类的函数就没什么意义。"

小王："那应该怎么学？"

高手："学习Excel的关键是问题导向，也就是说，学习是要解决问题的，掌握最基本、最常用的函数，最多也就十来个。往后遇到具体问题，再研究相应的函数即可。"

小王："这样一来，确实简单了很多，谢谢您的指点，我这就回去学。"

这是要纠正的第二个误区。Excel不需要先掌握大量函数才能有高效率。首先，函数只是Excel的一小部分，并不是掌握了函数就一定能把Excel用好；其次，正确的方法是聚焦于问题，在解决问题中学习，在这个过程中，技能会自然提高。

1.3 只有掌握 VBA 编程才能玩得转

自从上次和高手交流之后，小王转变了学习思路，学习起来果然快了很多，但是小王这次又被难住了。因为他发现有些问题解决不了，就本着解决问题的思路去论坛搜索和提问。

结果各路“大神们”给出各种VBA代码，还扬言：不学VBA就没有真正学会Excel。

而小王一看到代码就头大，完全看不懂，也看不进去。他忧心忡忡地来找高手。

小王：“学好Excel真的要学会VBA才行吗？”

高手：“你学Excel的目的是什么？”

小王：“为了更加高效地处理工作中的数据，得出分析结果。”

高手：“为什么你认为一定要学VBA才能解决你的问题？”

小王：“因为论坛里面的人都说，不学VBA就没有真正学会Excel。”

高手：“你的目的是完全掌握Excel，还是解决工作中的问题？”

小王：“当然是解决工作中的问题。”

高手：“其实99%的职场Excel应用是完全用不到VBA的。比如从一堆杂乱的数据中提取出想要的数据，需要用VBA或者非常复杂的公式，但是最新版的Excel用快速填充就能轻松解决。”

这是第三个误区，以为只有掌握VBA编程才能玩得转Excel。其实学好基本的快速填充、数据透视表、超智能表格等超级好用的功能，应对职场上普通的Excel数据分析需求，绰绰有余。

1.4 Excel的真正用途

澄清了误区之后，我再介绍下Excel在职场环境中的真正用途。

1.4.1 超级无敌计算器

想象一下这样的场景，如果需要计算单位所有员工的奖金，员工数量多达几百人，如果用计算器输入，速度不但很慢，而且可能存在按错键位的情况，一旦点错，就会全军覆没。

但是Excel就可以帮你解决这样的困扰，因为奖金计算是有统一规则的，把计算公式写好，就能快速地计算出结果。而且只要公式完成了，就没有中间的计算步骤产生的临时数据。结果不但会自动生成，而且还可以随着原始数据的变化自动重新计算。

所以，Excel第一个显而易见的用途是批量处理各种计算，它是当之无愧的超级无敌计算器。

1.4.2 数据分析大杀器

用Excel来进行数据分析，可以说是职场人士容易学会，且最方便使用的一种数据分析方法。因为Excel中有一个数据分析大杀器叫“数据透视表”。

只要掌握“数据透视表”，职场中常见的数据分析需求：分类汇总、增长率、构成比等等，就可以快速完成。而且学习起来非常的简单，投入极低，产出却很高，是一个投入产出比很高的技能。

1.4.3 数据呈现的小能手

当你使用数据透视表，把大量的数据分析出来后。数据分析的结果最好使用图形化的方式来呈现。因为大脑对于图片信息接收的效率，比文字信息接收效率要高出成百上千倍。

而Excel恰好也提供了各种丰富的图表：常见的饼图、直方图、折线图一应俱全。还有高大上的雷达图、树状图、旭日图等。完全能满足数据可视化呈现的需求，而且配合数据透视表，可以做到数据呈现动态化。

Excel这么强大，学起来会不会很难？请放心，Excel非常简单，只不过你以前可能对它有些误会。现在想想看，没有复杂的VBA编程，不用掌握大量繁杂的函数，全都是鼠标键盘的操作，还会难吗？

第二章

准确获取数据

2.1 给录入提提速

小王今天接到一个任务，要把100份员工的工资表，录入电脑中，如果一个一个录入，就要花费很多时间，必须要加快录入的速度。

2.1.1 单元格格式

在录入之前，你要先弄清楚单元格格式。虽然这一步看起来好像无所谓，但如果事先不弄清楚，会踩很多地雷：比如身份证号码被Excel自动篡改，录入的日期不能识别，等等。

单元格的格式有很多种，本质上只有数字和文本两种格式。你可能会跟我说：还有百分比、日期、会计格式。没错，但是这些格式的底层都是数字型的。

如果把一个日期，用数字的方式呈现，它会是一串数字，这一串数字是1900年1月1日，到现在的天数。

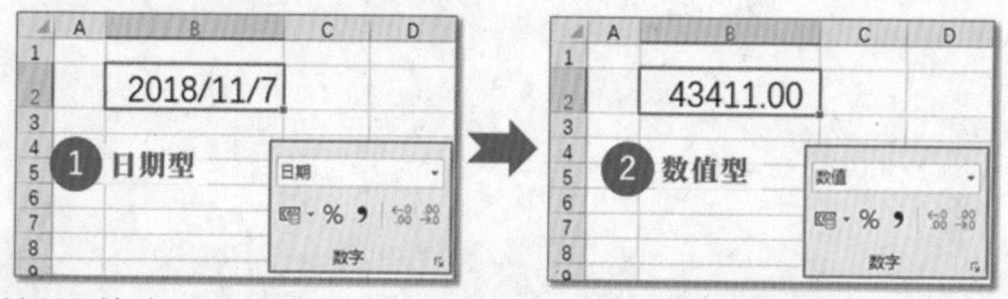

所以，从本质上来说Excel单元格只有两种格式：数字和文本。

数字格式

“数字格式”默认右对齐，只要是数字格式，就可以进行加减乘除计算和统计，这是数字格式最大的特征。所以，现在你应该知道日期为什么可以进行加减，可以进行统计，就是因为它的存储格式本质上是数字。

文本格式

“文本格式”默认左对齐。特点是，存储的是什么样的内容，呈现的就是什么样的内容。比如，你输入了一串数字，但是以文本形式存储，那么最终呈现的还是一串文本，它并不能进行计算，也并不能参与任何的统计和分析。由于这个特点，它有其特殊的用途。

处理“假”数字

以文本形式存储的数字，会有一个明显的特征，就是在单元格左上角有一个绿色的小三角形，点击旁边的感叹号图标，它就会告诉你，这是以文本形式存储的数字。

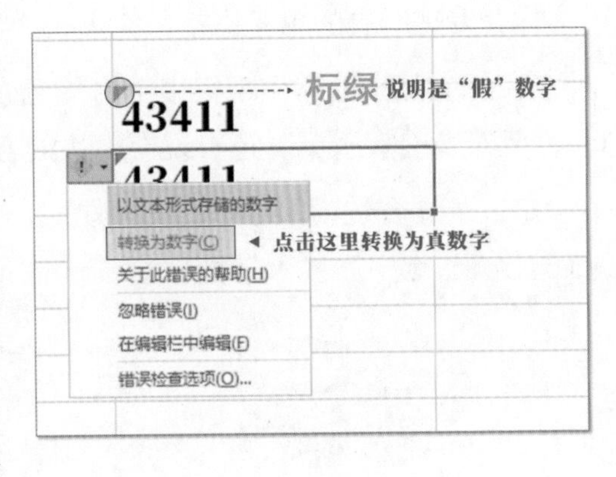

以文本形式存储的数字，是不参与计算的。虽然绿色小三角形看起来很显眼。但是，如果你的表格有成千上万的数字，在其中出现了一个这样的“绿帽子”，你能轻松发现它吗？如果真的发生这种事，是不是想死的心都有了。

因此，在一开始时，就要避开这种坑。如果发现这个小小的“绿帽子”，一定要尽早摘掉。摘掉“绿帽子”的方法也很简单。选中单元格，点击单元格右侧的感叹号小图标，然后选择转换为数字即可。

2.1.2 快捷批量录入

弄好了单元格格式，就可以开始想办法提升录入速度了。接下来介绍几个简单实用的小技巧。

相同内容批量录入

如果有多个单元格，需要输入同样的内容，这些单元格并不连续，一个一个录入很麻烦，就算是复制粘贴也要操作很多回。而这时候，批量录入的价值就体现出来了。

你只需要输入一次内容，剩余单元格自动填充，绝对是录入效率提升的小绝招。比如要将下方的空白单元格，全部填上“女”。

操作方法如下：

1.选中需要录入的单元格，按住Ctrl连续点选。

2.输入“女”，按Ctrl+Enter结束。

你会发现所有的单元格都填充上了“女”。

有时，文档里面会出现很多空白单元格，如果一个个点选，不但费时间，而且难免会有遗漏。还有没有更快的方式？当然有。

如果条件合适，确实有更快的方式。就是用“定位”功能来批量选择空单元格，选中后输入“女”，Ctrl+Enter，即可自动填充，十分快捷便利。

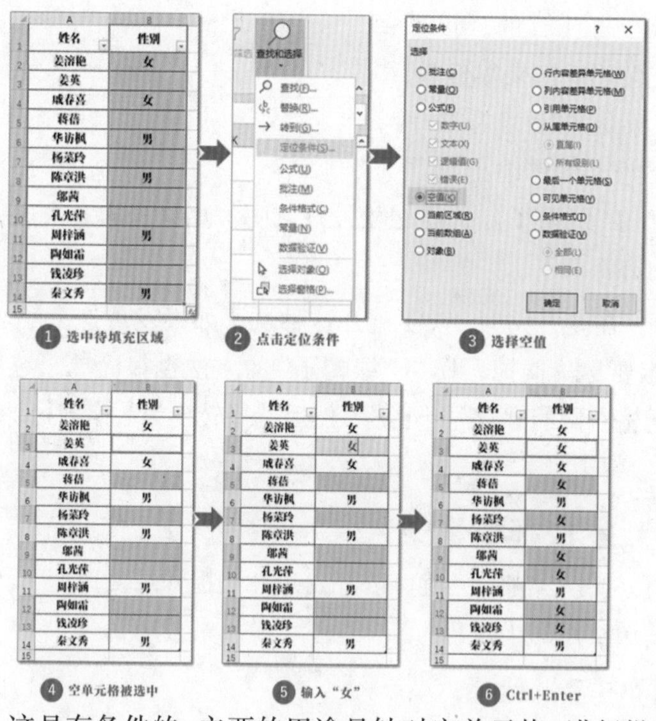

① 选中待填充区域　② 点击定位条件　③ 选择空值

④ 空单元格被选中　⑤ 输入“女”　⑥ Ctrl+Enter

但是，这是有条件的，主要的用途是针对空单元格，进行批量填充。比如，正好所有的空单元格要全部填充为某一固定数据，即可使用“定位”来批量填充。

不用鼠标更高效

有时候必须要录入大量数据，但是如果录完一个单元格，就要用鼠标来点选另外一个单元格，效率就会变得非常低。其实可以使用快捷键来实现光标的移动。录入完成后，按Tab，向右跳一格；录入完成后，按Enter，向下跳一格。

虽然最多只能节省1～2秒的时间，但是当你需要输入的量非常多的时候，整体的效率会大幅提升。所以不能只看单次的效率提升，而应该和频次结合在一起，综合考虑。

2.1.3 神奇的填充柄

快速录入，还有一个不得不提的家伙是“填充柄”。利用“填充柄”，不光是快速录入相同数值，还有一些神奇的功能。

先来认识下“填充柄”，当你把鼠标放在单元格右下角时，光标变成黑色十字，这就是“填充柄”。

“填充柄”功能一：复制内容

直接拖着填充柄，覆盖想要的单元格即可，如果是文本内容，默认是复制初始单元格的内容。

对于数字，默认是生成序列，如果你想要复制，可以在填充后，选择复制单元格。

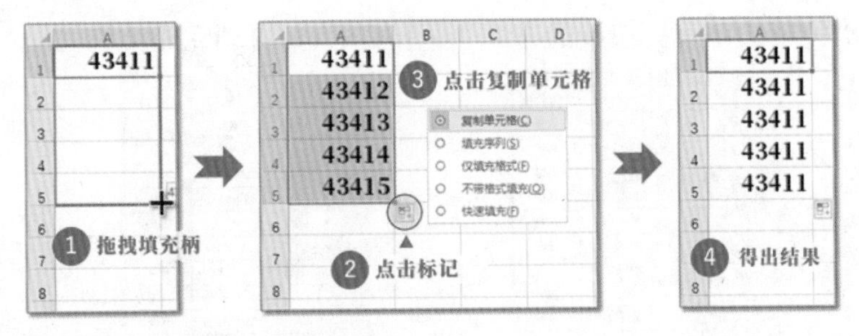

“填充柄”功能二：填充序列

如果是带数字的文本或者直接是数字型(包括日期型)，默认是填充序列，也就是说，数字部分会递增。

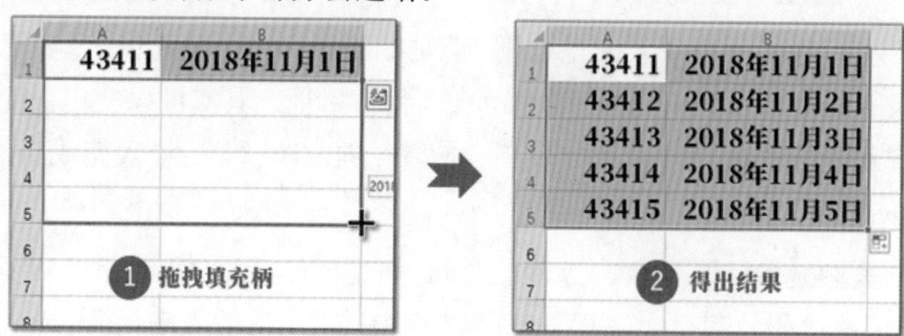

如果想要数字不是完全按照递增顺序，而是其他的顺序，比如偶数序列，数字之间间隔2个数字，也是可以的，但是要给Excel一个清晰的趋势。比如想要得到1、3、5、7、9这样的序列，至少要输入1、3，然后选中这两个单元格拖动来填充。

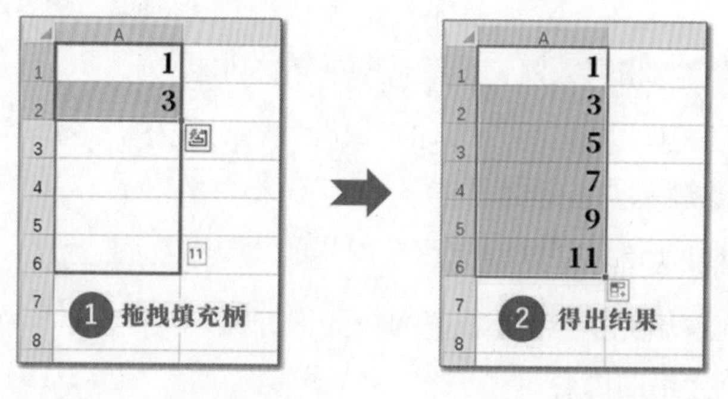

"填充柄"功能三：自动填充

填充柄虽然方便，但假如有几千行数据，拖到底也会浪费时间。怎么解决？其实还有更快捷的方式：双击填充柄，自动完成填充。

特别注意，自动填充，要求你的数据表格式是规范的。如果数据表有空行，自动填充很可能碰到空行就停止了。所以，把表格整理规范，是这些工具发挥最佳作用的前提。

2.1.4 特殊数据处理

消失的"0"

很多编号为了位数统一，都会在前面用0补齐空位。比如001、002。

但是在Excel输入时，前面的0就会莫名其妙地消失。

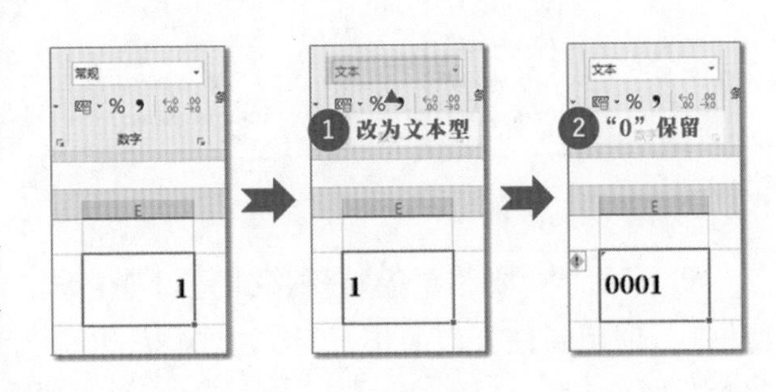

因为Excel认为它是数值型，自作聪明地把前面的0都去掉了。所以必须以文本形式存储这样的数字才可以。操作方法是：把单元格设为文本型，再填入编号即可。

身份证

估计每个Excel新手都遇到过这个奇怪的问题：输入18位的身份证，会自动变成"乱码"，就算你点开查看，最后的几位数字也会变成0，而且再也无法恢复。

为什么会这样？这是Excel默认的科学计数法导致的。不过知道原因不是关键，解决方案才是。

其实仔细想想，身份证是一种特殊的数字，作用更偏向于一串文本，它不需要计算，也不需要统计，应该采用文本的方式进行存储。其他长串的数字，如银行账号等也是同理。

单元格文本的格式应该提前设置，再输入身份证号、银行账号等，否则无效。

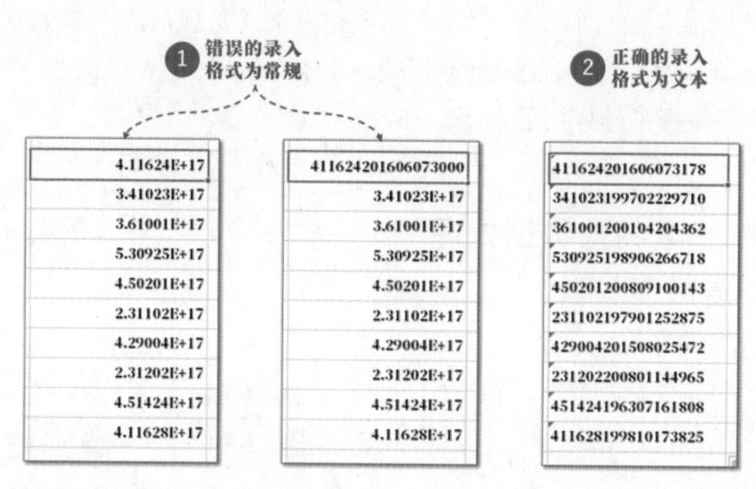

标准日期

最后一个需要注意的特殊格式是日期格式。一定要选择标准的日期格式，即用斜杠分隔的年月日，如2018/5/20。当然Excel有不错的纠错能力，诸如2018-5-20、2018年5月20日之类的格式，也可以识别为日期。

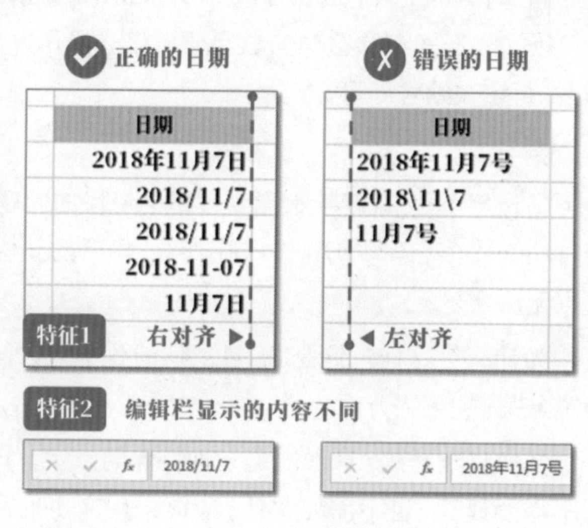

但是最好养成习惯，输入规范的日期。否则，可能不小心输入了一个假日期，给以后的数据分析留下隐患。

检查真假日期方法，第一是看对齐方式，真日期默认右对齐；第二是看编辑栏的具体“内容”，如果是真日期，会显示标准的日期格式。推荐在录入之前，就把单元格格式设置为日期型，再进行日期的录入。

2.2 防止出错的法门

减少错误是间接地提高效率，如何才能防止数据录入错误？

想象下这样的场景，当你设计一个表格让大家填写，收上来的数据不但乱七八糟，而且还是不完整的，你是不是会很烦躁？为了数据准确性，还需要一个一个去再次核对，简直会抓狂。

假如有种方法，可以让错误的数据录不进去，是不是就会快很多？没错，Excel就有这种功能，它的名字叫"数据验证"。

2.2.1 数据验证

我们以年龄的输入为例，正常年龄在0到120岁之间。不允许输入超过这个范围的数字，同时，也不允许输入任何其他内容，比如文本、符号等。如何设置？

操作步骤如下：

1.选中单元格。

2.点击数据验证。

3.设置条件和提示。

通过操作我们发现，数据验证不只是限制错误数据录入，还有很多其他功能，比如自动提示单元格的录入说明，出错了能弹出警告，甚至还能使用下拉列表的方式来防止录入的数据出错。

2.2.2 自动提示

在提示信息里，设置如下提示信息：

1.请录入年龄。

2.范围为0到120之间。

设置完成后，在录入时，右下角会出现一个小小的悬浮提示框，显示出刚刚设置好的信息。

这个提示，对于不会事先查看填表说明的人，非常有用。有了这个提示，会大幅度减少录入错误数据的可能。

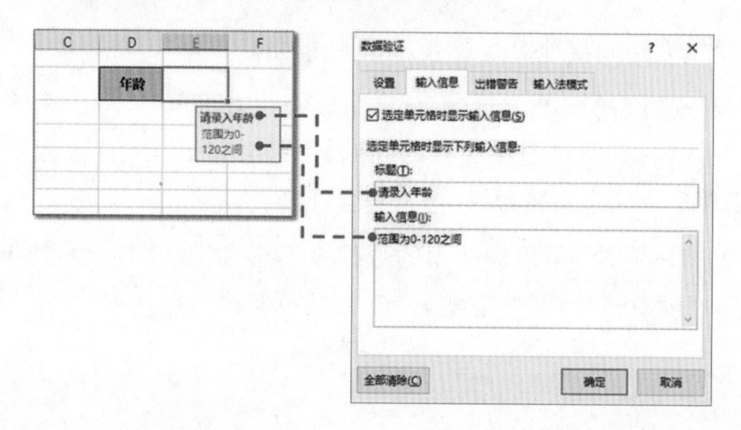

2.2.3 出错警告

如果连这个提示都熟视无睹，那就再来一个错误警告。

设置完成后，如果出错，会直接弹出一个对话框，不输入符合要求的数字是过不去的。

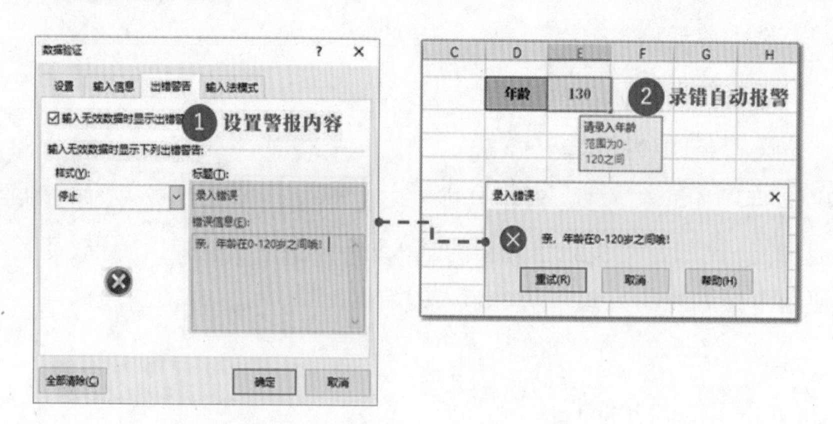

2.2.4 下拉列表

有一种特殊的数据，比如部门名称，录入时如果手工录入，非常容易出错，如错别字、用了部门的简称等等。这都会给后期的数据分析带来非常大的麻烦。

与其让他们用手工录入的方式做“填空题”，倒不如把“填空题”改成“选择题”，使用下拉菜单的方式进行录入。这样也可以大幅度减少出错的概率。

操作步骤如右：

1.设置部门序列。

2.设置数据验证方式为“序列”，来源为刚刚设置好的序列。

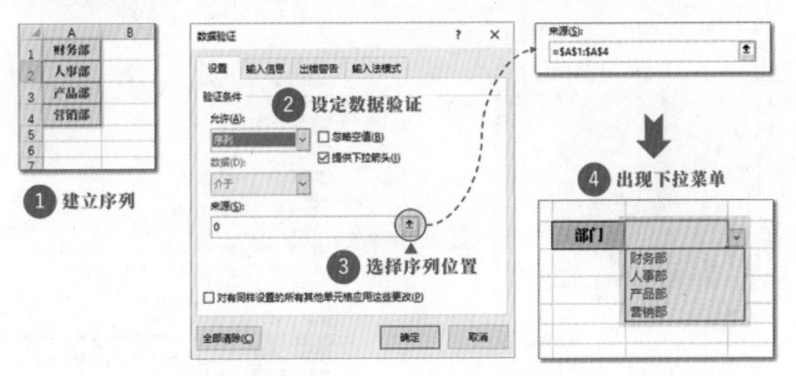

以后录入时，点击这个单元格，就会自动出现下拉列表，在其中选择一个部门即可，相当方便。

2.3 超智能表格

这个名称，业界还没有一个特别统一的叫法。因为Excel的叫法很Low，竟然叫“表格”，因为和日常使用的表格概念容易混淆，而且严重拉低这项功能的价值。所以我给它起了个名字叫“超智能表格”。

当需求只是简单的数据汇总、按条件筛选时，就可以使用“超智能表格”轻松应对。它属于零成本投入、产出却相当高的技能。让我们一睹它的风采。

2.3.1 轻松创建

要创建超智能的表格，方式有两种：

直接转换

选中原有表格，选择“套用表格格式”，选一个格式即可。最明显的变化是样式发生了改变，在标题栏多了筛选按钮。

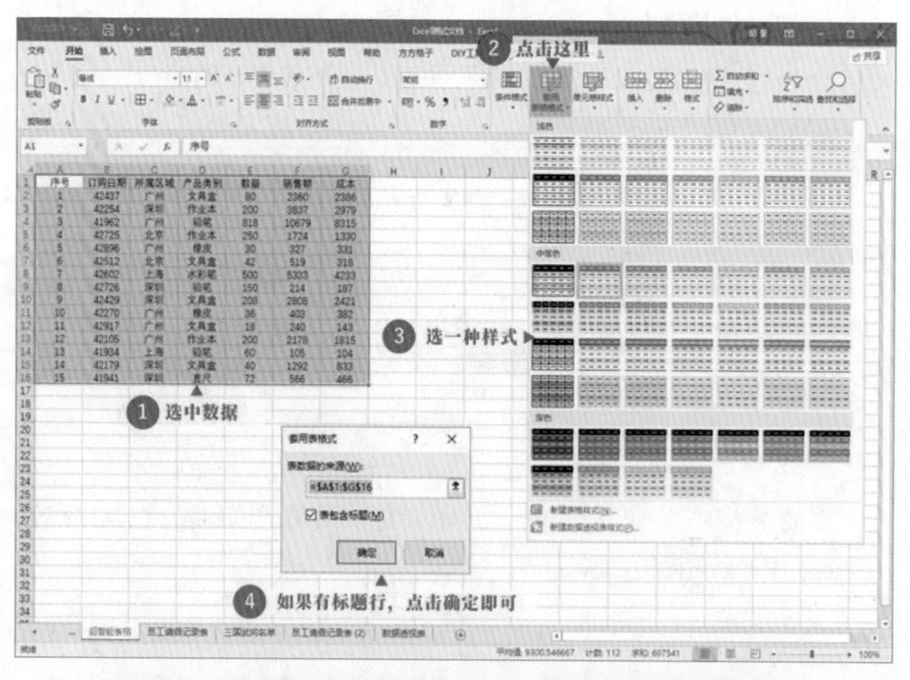

	A	B	C	D	E	F	G
1	序号	订购日期	所属区域	产品类别	数量	销售额	成本
2	1	2016/3/8	广州	文具盒	80	2360	2386
3	2	2015/9/7	深圳	作业本	200	3837	2979
4	3	2014/11/19	广州	铅笔	818	10679	8315
5	4	2016/12/21	北京	作业本	250	1724	1330
6	5	2017/6/10	广州	橡皮	30	327	331
7	6	2016/5/22	北京	文具盒	42	519	318
8	7	2016/8/20	上海	水彩笔	500	5333	4233
9	8	2016/12/22	深圳	铅笔	150	214	187
10	9	2016/2/29	深圳	文具盒	208	2808	2421
11	10	2015/9/23	广州	橡皮	36	403	382
12	11	2017/7/1	广州	文具盒	18	240	143
13	12	2015/4/11	广州	作业本	200	2178	1815
14	13	2014/10/22	上海	铅笔	60	105	104
15	14	2015/6/24	深圳	文具盒	40	1292	833
16	15	2014/10/29	深圳	直尺	72	566	466

如果嫌麻烦，直接选中原始表格后，按CTRL+L，可以把表格直接变成超智能表格。

插入表格

如果还没有数据，直接使用“插入→表格”的方式，也可以创建超智能表格，之后直接进行编辑和录入即可。

快速汇总

顾名思义，就是快速地建立数值的汇总。操作方式：“表格工具→设计选项卡→勾选汇总行”即可。

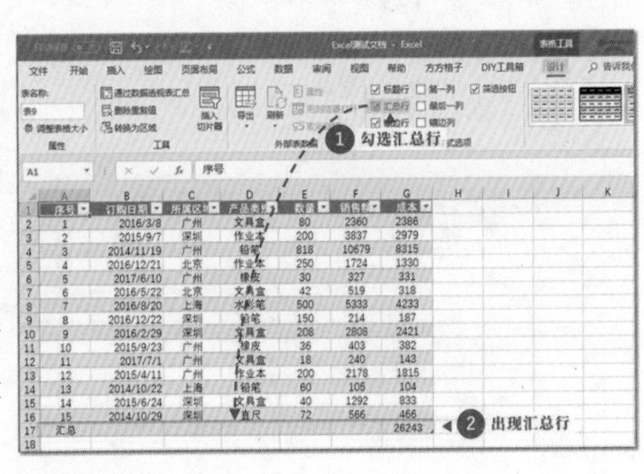

这个汇总不但可以求和，还可以求计数、平均值、最大值、最小值，甚至还有方差，十分便利。

点击汇总栏单元格可以选择不同的汇总方式

2.3.2 超强筛选

提到筛选功能，可能你会说，普通的表格也可以添加筛选，为什么一

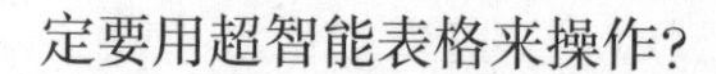

定要用超智能表格来操作？

因为有时候，我们要使用多个条件来进行筛选，如果是普通的筛选，需要一步步操作，而且筛选完不容易恢复。如果是超智能表格，可以使用“切片器”。来完成多个条件的快速筛选。

点击“插入切片器”，勾选筛选条件，生成切片器。

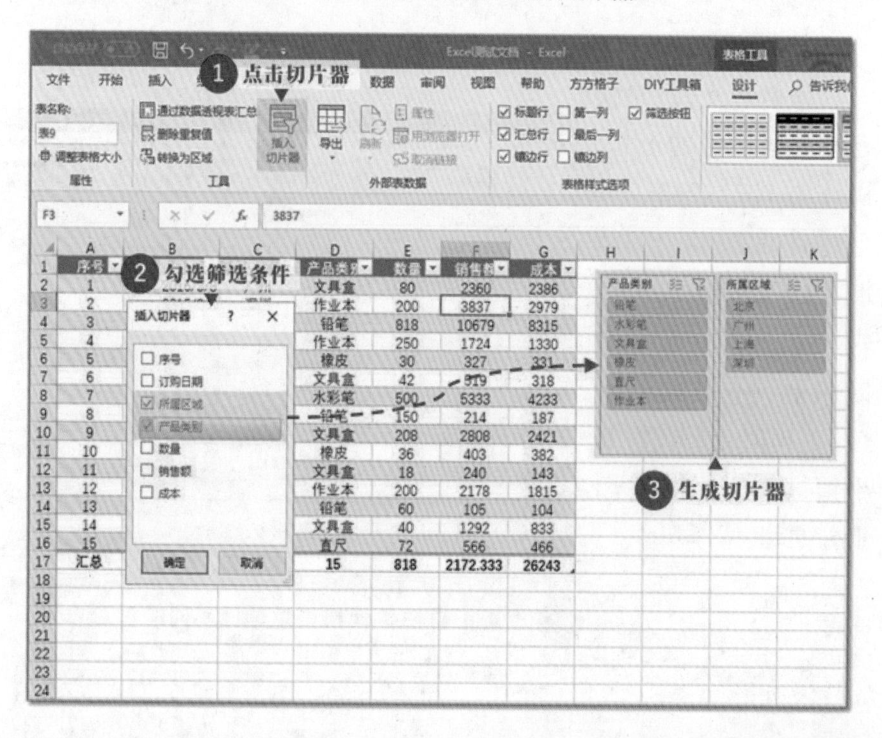

切片器生成后，就可以随意点选了。比如想看“水彩笔”的销售情况，直接点击“水彩笔”即可。

切片器一旦用上，会让你有一种上帝之眼的视角，想看哪里，点哪里，再也不怕领导出难题。

2.3.3 自动生长

自动生长这个功能很有趣。只要在超智能表格旁边录入数据，它就会自动识别，并扩展超智能表格的范围。

在超智能表格内部，公式只需要输入一次，就会自动填充到其他需要填充的地方，而且如果录入了新数据，公式也会自动计算，十分便利。

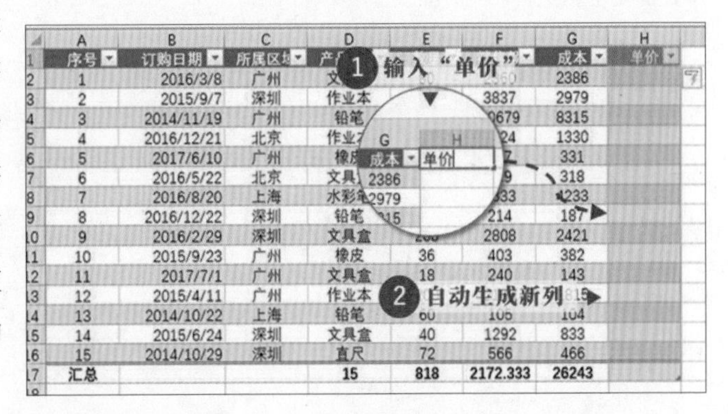

更厉害的是，在创建数据透视表时，普通的表格如果行或列的内容增加了，只能重新建立数据透视表，或者调整数据透视表的数据范围。但如果是超智能表格，就完全不用担心，就算增加内容，数据透视表也会自动更新，十分好用。

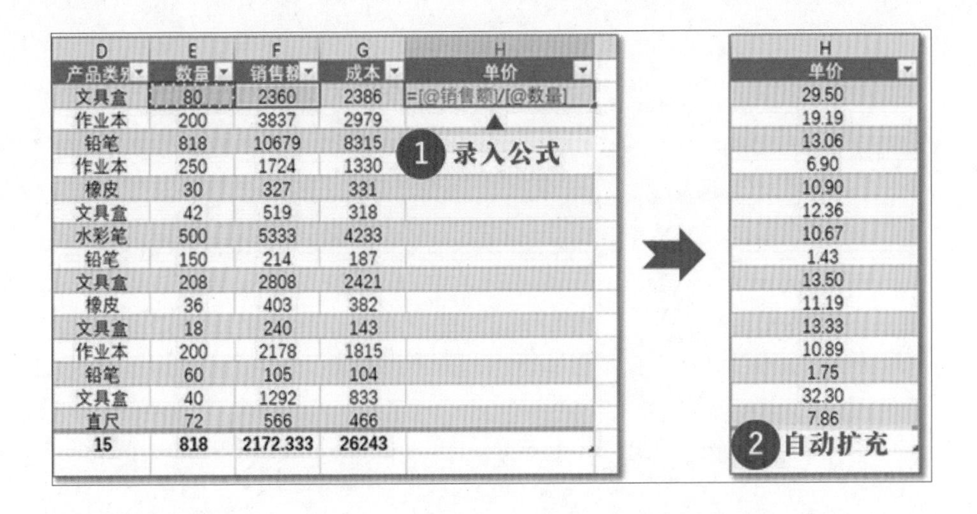

建议大家以后在使用Excel时，直接使用超智能表格，就这么简单的一个操作，不但汇总、筛选的问题解决了，而且将会给日后的统计分析带来巨大的便利。花最少的时间，今后的效率可以成百上千倍提升，还有什么理由不做？

第三章

便捷数据整理

3.1 布满地雷的数据

很多时候，我们处理的表格不一定是自己录入的，然后经常会遇到一些乱七八糟的表格。表格的数据完全是不正常的，给数据分析带来了极大的困难。

3.1.1 数据内容扯不清

有这样一种表格，把不同的变量全部放在一个单元格里面，对新手来说简直是最可怕的存在。比如，姓名、年龄、籍贯、身份证号全部放在一个单元格。

如果遇到这样的表格，会让数据分析完全无法进行。因为Excel是以单元格为单位的，一个单元格代表一个变量的值。这个单元格内容一大堆，完全没办法进行分析。

还有一种让人欲哭无泪的情况，同一个内容有不同的表现形式。比如公司的财务部，有人写成财务科，有人写成会计室。反正就是不统一，如果分析财务部、财务科和会计室，会当成三个不同的类别来处理，自然得不到正确的结果。

3.1.2 数据格式一团乱

1.数值用文本存储。

前面已经说过以文本型存储的数字不会参与计算，一旦有一两个，将会给统计和分析带来巨大的隐患，且特别不容易觉察。

2.真假日期分不清。

有的日期，表面上看起来像日期，但它其实是文本形式，或者是其他乱七八糟的格式，这个也会给数据分析埋雷。

3. 利用空格来排版。

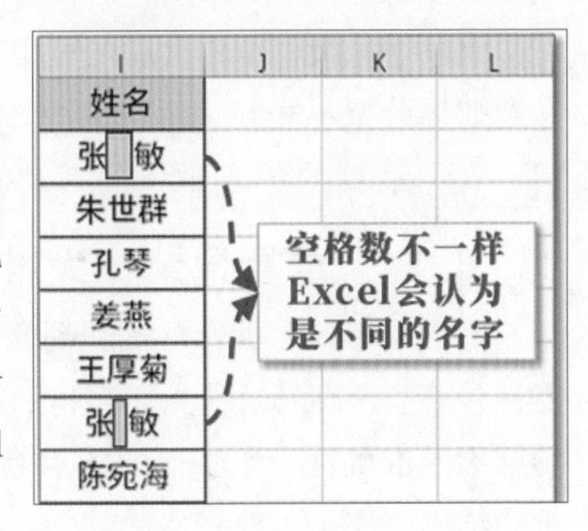

在Word篇已经提到，千万不能用空格来排版，但是很多时候，收到的表格，还是会含有大量空格。最常见的是两个字的人名中间加空格，因为空格看不见，数量不易控制，同一个名字，可能因为空格数不一样，Excel就会认为是两个名字。

3.1.3 滥用合并单元格

合并单元格，可以说是Excel数据分析中最大的绊脚石。因为一旦有合并单元格，很多操作都完全无法进行。比如：无法排序、无法筛选、无法使用数据透视表。各种各样的公式也是无能为力，导致数据分析完全无法进行。

	A	B	C	D	E
1	销售情况分析				
2	所属区域	产品类别	数量	销售额	成本
3	广州	文具盒	80	2360	2386
4		作业本	200	3837	2979
5		铅笔	818	10679	8315
6	北京	作[illegible]	[illegible]	[illegible]	[illegible]
7		橡皮	30	327	331
8		文具盒	42	519	318
9	上海	水彩笔	500	5333	4233
10		铅笔	150	214	187
11		文具盒	208	2808	2421
12		橡皮	36	403	382

数据分析的最大绊脚石

3.1.4 表中含有空白行

当表格中含有空白行时，也非常容易导致错误。

第一个容易出错的地方是使用填充柄双击填充时遇到空行，填充会自动结束。空行下面的表格就没有被填充上正确的内容。

第二个容易出错的地方是创建数据透视表时Excel会自动识别表格区域，如果有空行，Excel就会识别出错，导致空行以下的内容没有被纳入数据透视表中。

这两个问题，都是非常大的隐患，一个导致数据的填充不完整，一个导致数据分析不完整。

3.1.5 重复记录一大堆

有时，表格看起来格式是规整的，但是操作人员可能并没有进行重复性检查，一条记录输入了多次，会导致有很多重复的记录。这非常影响结果的准确性，因为Excel不会自动剔除重复的记录，所以导致数据分析的结果就完全不对了。

3.2 数据处理的那些绝招

我们必须在进行数据分析之前，把这些地雷一个个消除才行。如何消除？请看数据处理的几大常用绝招。

3.2.1 分列

分列的名字听起来普通，但是名字普通，不代表能力差。它能把混杂在一起的数据拆分、提取并转换格式。

下面这些数据内容混乱的表格，想要让变量都清清爽爽，就可以用拆分来解决。

按分隔符拆分

在处理数据之前，先仔细观察，寻找突破点。比如这组数据的特征是不同的变量之间被“，”分隔开来了，有这样一个规律，就可以使用按分隔符拆分的方式来处理。

具体的操作步骤如下。

1.选中待处理列，点击“数据”选项卡，再点击“分列”按钮。

2.进入分列向导，选择“分隔符号”方式。

3.选择“逗号”分隔符。

4.确认分列后的数据格式。

5.点击确定，数据分列完成。

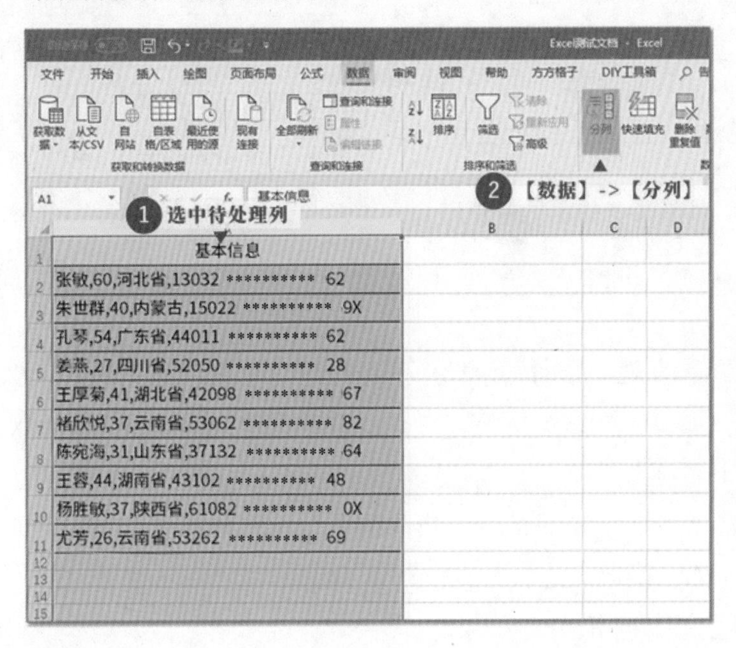

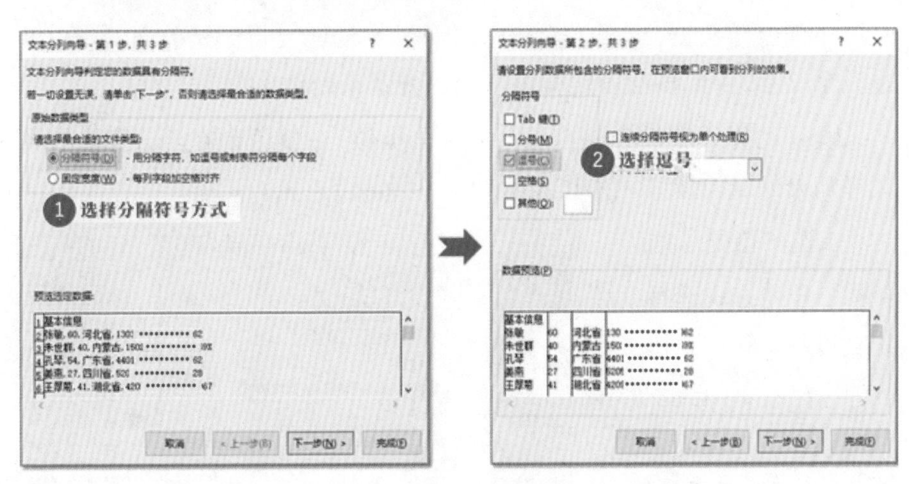

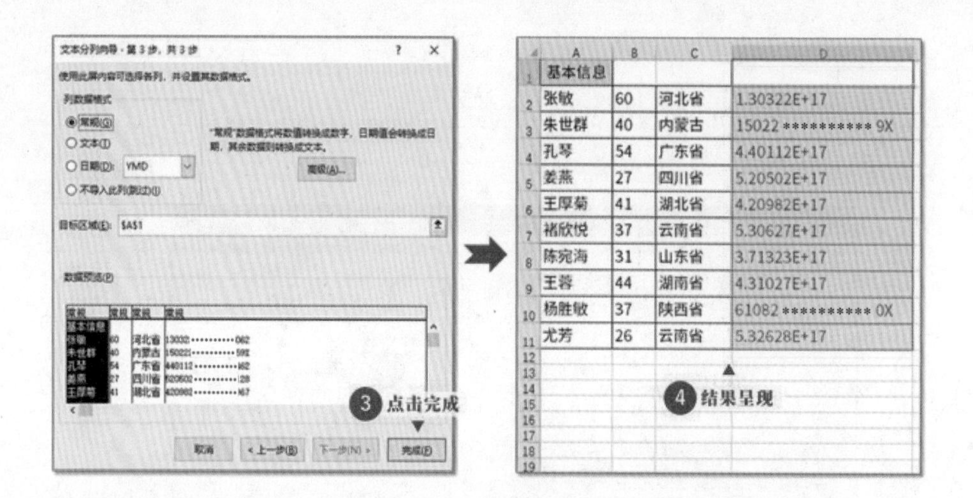

完成后，发现一个问题，身份证号码出错了。仔细看第3步，会发现，选择的“列数据格式”默认是常规。分出来的身份证号默认也是数字的格式，所以才会出错。

只需要在分列向导第3步，更改最后一列的格式为“文本”，即可得到正确的分列结果。

按固定宽度拆分

下面这组数据，并没有分隔符，但是，它的明显特征是前面的省份都是三个汉字，可以按照固定宽度拆分的方式来处理。

具体的操作和按分隔符号分列十分类似，主要区别在于分列方式的选择和分列线的建立。操作步骤如下：

1.选中待处理列。

2.分列方式选择“固定宽度”。

3.鼠标点击建立分列线。

4.确认数据格式，即可完成分列。

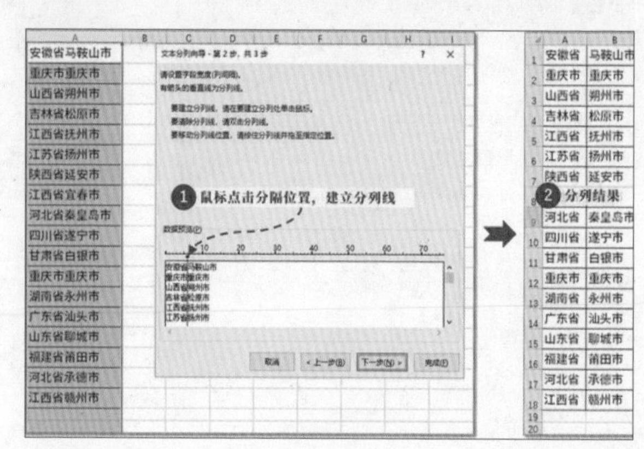

提取数据

利用分列功能，还可以从一大堆数据中，提取想要的数据，比如从身份证号中提取出生年月日。还是常规的分列操作，但是把拆分出来的，不需要的列忽略即可。

具体操作如下。

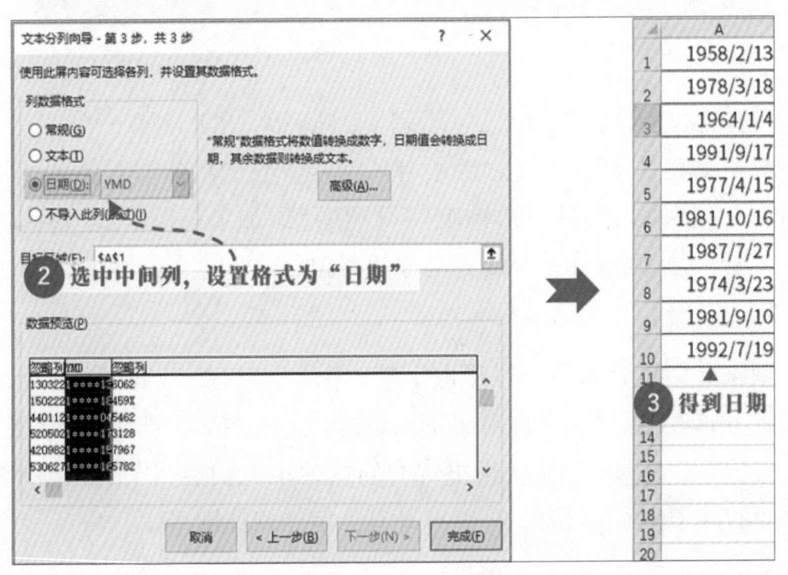

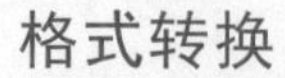

利用分列步骤的最后一步，可以重新设定数据格式，所以，分列还可以起到格式转换的作用。

常见的操作有：真假日期格式转换、真假数字格式转换。

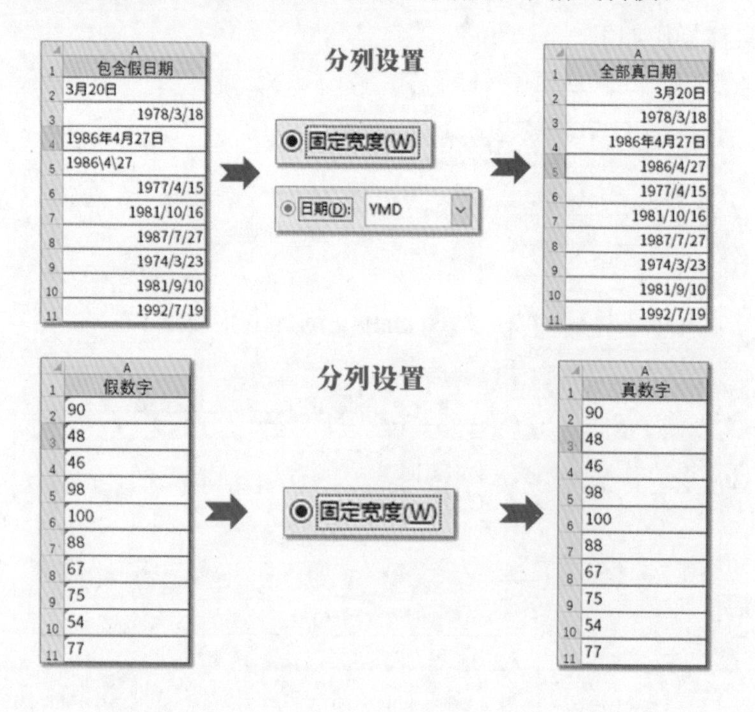

3.2.2 快速填充

快速填充是office2013之后才有的功能。它的功能非常强大。常见的功能有：提取、合并字符，改变字符顺序，添加字符，改变字母大小写等等。用它时，限制你的可能只是你的想象。

提取字符

刚刚介绍了分列也可以提取字符，但是分列有一个前提，必须是有分隔符号或者固定宽度的，对于下面这样，没有分隔符号的不规则数据，毫无办法。这时候，就要使用更优秀的快速填充功能，因为快速填充没有上面的两项限制，只要字符串本身有一定的规律即可。

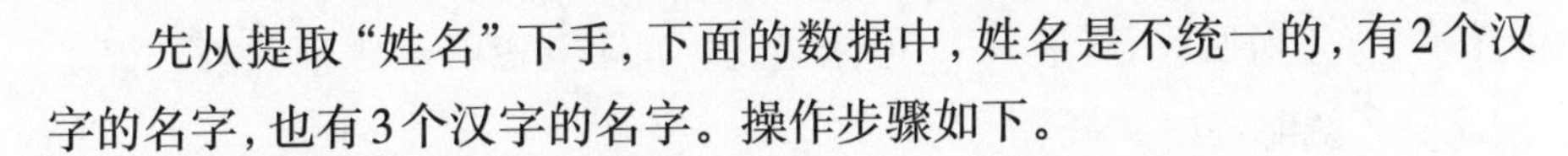

先从提取“姓名”下手，下面的数据中，姓名是不统一的，有2个汉字的名字，也有3个汉字的名字。操作步骤如下。

1.在紧挨着列的上方输入“张敏”。

2.拖着填充柄，默认应该是填充的全部都是“张敏”。

3.点击右下角的方形小标记，选择“快速填充”，即可实现姓名提取。

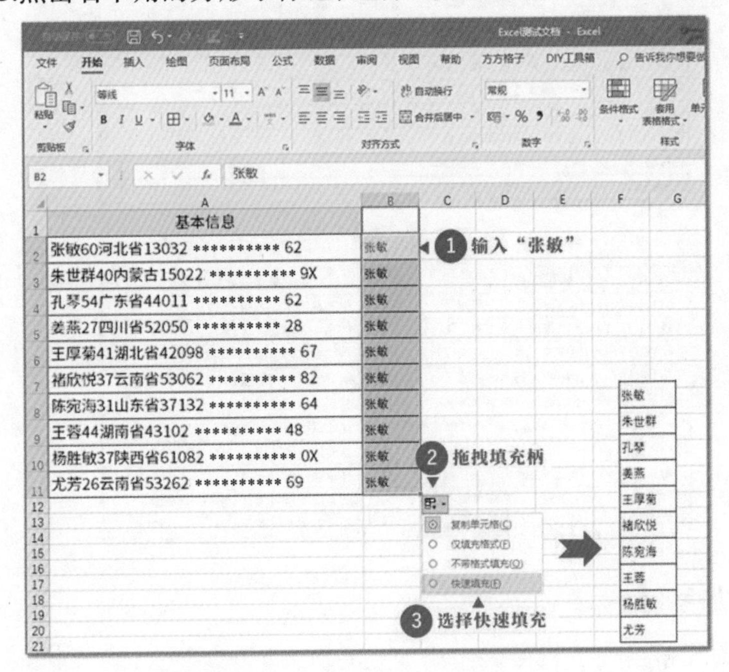

同样的，通过快速填充，还能得到年龄和身份证号码等信息。

另外提醒下，快速填充的快捷键是Ctrl+E。

合并字符

比如要将姓名、电话、地址合并到一起，也可以使用快速填充。而且填充的过程中，还可以添加一些分隔符，这些功能基本可以替代普通的文本函数了。

调整顺序

调整顺序这个功能它可以把文本中的一些内容位置互换。如果使

用传统的分列操作，不但不一定能实现，而且步骤可能比较烦琐。但是快速填充就能轻松实现。

想要把手机号码放在最后，就可以用快速填充来解决。

邮寄信息1	邮寄信息2
张敏13011****11安徽省滁州市凤阳县	张敏安徽省滁州市凤阳县130****1111
朱世群13011****12重庆市重庆市涪陵区	
孔琴13011****13黑龙江省双鸭山市饶河县	
姜燕13011****14山西省朔州市朔城区	
王厚菊13011****15吉林省松原市扶余市	
褚欣悦13011****16黑龙江省牡丹江市穆棱市	
陈宛海13011****17江西省抚州市黎川县	
王蓉13011****18江苏省扬州市宝应县	
杨胜敏13011****19陕西省延安市黄陵县	
尤芳13011****20江西省宜春市宜丰县	

① 填写示例

邮寄信息1	邮寄信息2
张敏13011****11安徽省滁州市凤阳县	张敏安徽省滁州市凤阳县13011****11
朱世群13011****12重庆市重庆市涪陵区	张敏重庆市重庆市涪陵区13011****12
孔琴13011****13黑龙江省双鸭山市饶河县	张敏黑龙江省双鸭山市饶河县13011****13
姜燕13011****14山西省朔州市朔城区	张敏山西省朔州市朔城区13011****14
王厚菊13011****15吉林省松原市扶余市	张敏吉林省松原市扶余市13011****15
褚欣悦13011****16黑龙江省牡丹江市穆棱市	张敏黑龙江省牡丹江市穆棱市13011****16
陈宛海13011****17江西省抚州市黎川县	张敏江西省抚州市黎川县13011****17
王蓉13011****18江苏省扬州市宝应县	张敏江苏省扬州市宝应县13011****18
杨胜敏13011****19陕西省延安市黄陵县	张敏陕西省延安市黄陵县13011****19
尤芳13011****20江西省宜春市宜丰县	张敏江西省宜春市宜丰县13011****20

添加字符

以前经常会在手机号码中添加分隔符，便于查看。这个也可以使用快速填充来完成。不但如此，我们还可以使用快速填充，来隐藏中间四位号码。

A	B	C
手机号码	分隔符	隐藏中间四位
130****1098	130-1234-1098	130****1098
130****1115		
130****1113		
130****2112		
130****1115		
130****1116		
130****1117		
130****3118		
130****1100		
130****1120		

① 填写示例

② 快速填充

A	B	C
手机号码	分隔符	隐藏中间四位
130****1098	130-****-1098	130****1098
130****1115	130-****-1115	130****1115
130****1113	130-****-1113	130****1113
130****2112	130-****-2112	130****2112
130****1115	130-****-1115	130****1115
130****1116	130-****-1116	130****1116
130****1117	130-****-1117	130****1117
130****3118	130-****-3118	130****3118
130****1100	130-****-1100	130****1100
130****1120	130-****-1120	130****1120

最后再来看一个综合的应用(合并信息、调整顺序、添加字符)。比如，现在要把姓名、地址和手机号放在一起，生成一段话也可以用快速填充来完成。

手机号	地址	姓名	合并
130****1098	安徽省滁州市凤阳县	张敏	张敏，地址：安徽省滁州市凤阳县 手机：130****1098
130****1115	重庆市重庆市涪陵区	朱世群	
130****1113	黑龙江省双鸭山市饶河县	孔琴	
130****2112	山西省朔州市朔城区	姜燕	
130****1115	吉林省松原市扶余市	王厚菊	
130****1116	黑龙江省牡丹江市穆棱市	褚欣悦	
130****1117	江西省抚州市黎川县	陈宛海	
130****3118	江苏省扬州市宝应县	王蓉	
130****1100	陕西省延安市黄陵县	杨胜敏	
130****1120	江西省宜春市宜丰县	尤芳	

示例中增加了全新的字符，也并调整了顺序

快速填充

手机号	地址	姓名	合并
130****1098	安徽省滁州市凤阳县	张敏	张敏，地址：安徽省滁州市凤阳县 手机：130****1098
130****1115	重庆市重庆市涪陵区	朱世群	朱世群，地址：重庆市重庆市涪陵区 手机：130****1115
130****1113	黑龙江省双鸭山市饶河县	孔琴	孔琴，地址：黑龙江省双鸭山市饶河县 手机：130****1113
130****2112	山西省朔州市朔城区	姜燕	姜燕，地址：山西省朔州市朔城区 手机：130****2112
130****1115	吉林省松原市扶余市	王厚菊	王厚菊，地址：吉林省松原市扶余市 手机：130****1115
130****1116	黑龙江省牡丹江市穆棱市	褚欣悦	褚欣悦，地址：黑龙江省牡丹江市穆棱市 手机：130****1116
130****1117	江西省抚州市黎川县	陈宛海	陈宛海，地址：江西省抚州市黎川县 手机：130****1117
130****3118	江苏省扬州市宝应县	王蓉	王蓉，地址：江苏省扬州市宝应县 手机：130****3118
130****1100	陕西省延安市黄陵县	杨胜敏	杨胜敏，地址：陕西省延安市黄陵县 手机：130****1100
130****1120	江西省宜春市宜丰县	尤芳	尤芳，地址：江西省宜春市宜丰县 手机：130****1120

3.2.3 删除重复项

删除重复项这个功能，就是专门用来处理重复录入的内容。有两个主要的功能。

删除重复行项

第一种情况：删除完全重复的行，也就是说确实录入了完全重复的数据。具体操作如下：

1.选中数据列；

2.数据→删除重复值；

3.在弹出的对话框中选中所有项目；

4.点击确定即可删除重复项。

特别注意，如果并没有勾选上所有的项目，只勾选了某一个变量，就是单独检查这个变量是否有重复，如果有重复，也会删除整行数据，不建议这样做。

提取不重复值

利用这个删除重复项的功能，还可以间接实现另外一个功能，就是提取不重复的值。比如，想要知道一个班级的同学们都来自哪些省份。就可以利用删除重复值的方式，来提取不重复的省份。

操作结果如下：

1.复制“省份”到新的一列。

2.删除重复值。

3.得到结果。

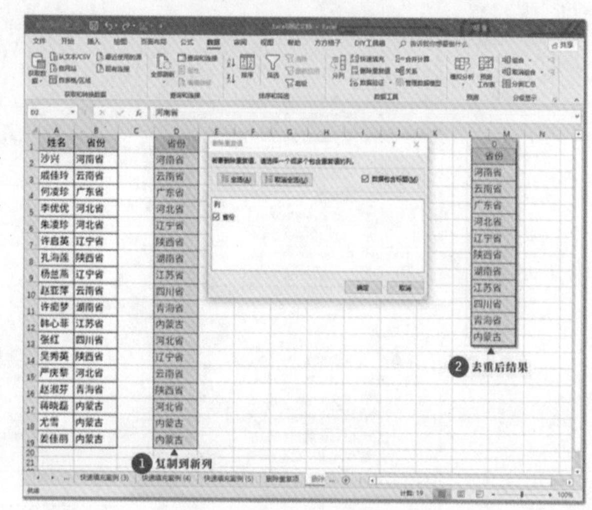

3.2.4 选择性粘贴

避免公式干扰

选择性粘贴最常用的功能，就是把一些含有公式的数据粘贴时，只保留数值。这样能避免最终数据中公式的干扰。

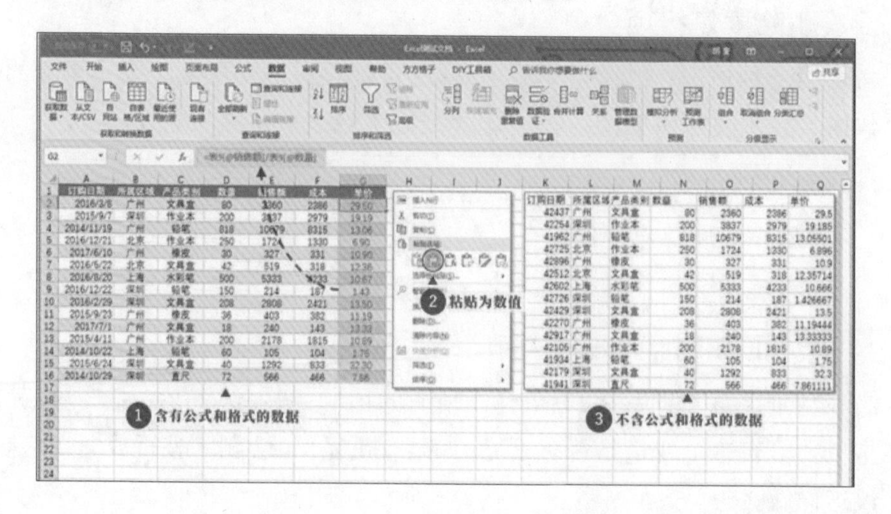

行列互相转换

当别人给你一份表格，比如像下面这样的，虽然数据没问题，但是看起来挺别扭的，这时候，利用选择性粘贴可以把行列互相转换，变成更符合视觉的呈现方式，更有利于数据分析。

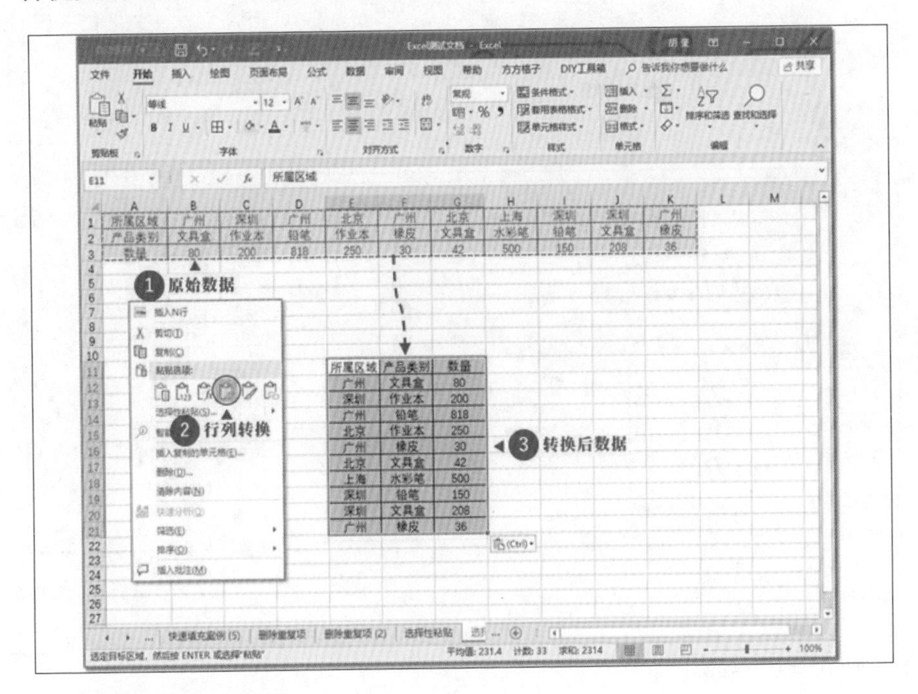

整体数据运算

选择性粘贴还可以进行数据的运算。比如，这个月的业绩非常好，领导很开心，大笔一挥，每个人奖金加200元。可是表格都做好了，马上就要打印，要怎么修改?

当然有很多种操作方式，如果只是一次性，用选择性粘贴来进行就非常的简单。

操作步骤如下:

1.复制200这个数字。

2.选中需要增加的数据。

3.右键选择性粘贴。

4.设置为粘贴“数值”，运算为“加”。

5.得到最终结果。

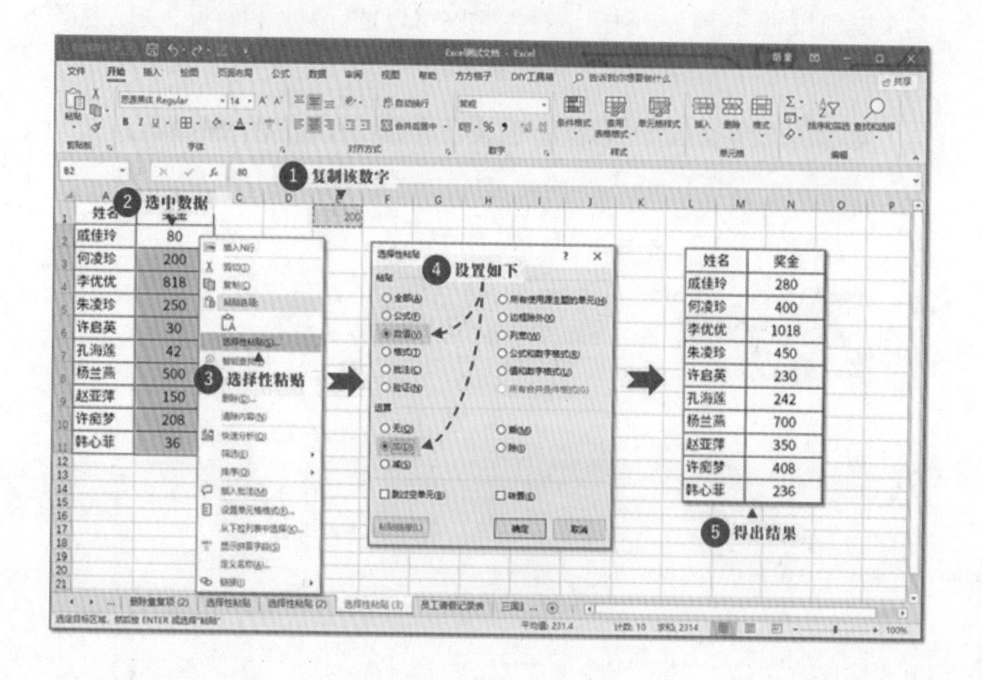

姓名	奖金
戚佳玲	280
何凌珍	400
李优优	1018
朱凌珍	450
许启英	230
孔海莲	242
杨兰燕	700
赵亚萍	350
许痕梦	408
韩心菲	236

第四章

超效计算分析

4.1 公式与函数

4.1.1 公式

说到公式与函数，首先得了解一下，什么是公式？公式有一个明显的特征：在Excel单元格中，它以“=”开头，后面是具体的公式内容，你可以把它理解为数学的四则运算。

公式的规则和四则运算的运算规则，几乎是一样的。公式也和四则运算一样，有优先级。比如先乘除后加减。Excel运算符的优先级如下：

百分比→幂次→乘除→加减→文本连接符→比较运算符

有这么多的优先级，难道写公式时，还要拿出来对照吗？当然不用，我们数学运算是怎么解决这个问题的？用括号来更改优先级，括号里面的内容先计算，公式同样如此。

Excel公式的运算主要有：

1.算数运算，类似于刚刚提到的四则运算。

2.幂次百分比之类的运算，得到的结果是数值。

3.文本运算，使用“&”符号来连接文本，可以把文本连接成一串。

4.比较运算，使用比较运算符来比较不同单元格的内容，返回的结果是True(真)或False(假)。

4.1.2 引用

公式和函数离不开的一个关键是“引用”。因为公式需要相应的元素来运算，才能得到结果。把某个单元格内容引入到公式中，这个操作叫引用。

下图中A3单元格里面的公式是“=A1”。这个“A1”就是一种引用，代表把A1单元格的数据，“引用”到这里。

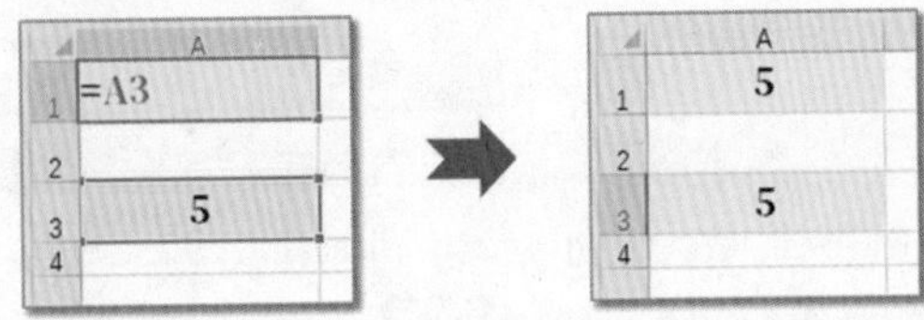

引用分为3种：相对引用、绝对引用和混合引用，他们的区别在于有没有“$”符号。

数值	相对引用	相对引用	混合引用
101	=A1	=A1	=A$1
			=A$2

三种引用方式的作用不同，具体来说是这样的。

相对引用

相对引用是最常见的引用方式。它的特点是如果你用填充柄操作，随着填充的行列变化，引用的单元格位置也跟着相应发生变化。有相对引用，公式才能在写出一个后，用填充柄批量填充。

绝对引用

绝对引用是什么意思？其实就是把被引用的位置固定死了。不管你怎么变化，都是从原来那个单元格引用数据。

适用于引用数值固定不变的情况。比如你在计算水费时，水费单价是不变的，而变化的是你每次的使用量，那么你的水费计算公式就可以用：使用量*单价来计算。

而使用量是相对引用，单价是绝对引用，配合起来就是下图中的公式写法：

A	B	C	D
水费单价			0.5
月份	用水量	需交水费公式	需交水费结果
1月	12	=B6*D2	6
2月	13	=B7*D2	6.5
3月	15	=B8*D2	7.5
4月	9	=B9*D2	4.5
5月	8	=B10*D2	4
6月	7	=B11*D2	3.5
7月	11	=B12*D2	5.5
8月	10	=B13*D2	5

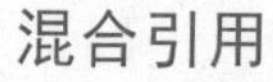

混合引用

混合引用是在特殊情况下，把行或列其中之一固定不变。

我们用例子来说明，假如要根据工龄计算工资、奖金、补贴。假设工资和奖金的计算基数都是1000元。因为引用的全部都是工龄这一列，所以采取固定列的方式来写公式。公式就可以写成下面的方式，写完直接拖动填充柄拖动即可。

工龄	工资	奖金
4	=$A6*1000	=$A6*1000
5	5000	5000
12	12000	12000
10	10000	10000
8	8000	8000
7	7000	7000
6	6000	6000
4	4000	4000
只写一个公式，填充柄填充即可		

4.1.3 函数

函数本质上是高级的公式，你可以理解为它是一个复杂的公式，只不过是用函数把它包装起来了。

比如，现在有10个单元格，要进行加法计算。用公式，就要这样写：

=A1+A2+A3+A4+A5+A6+A7+A8+A9+A10

如果是用函数，就可以这样写：

=SUM(A1:A10)

函数看起来是简单了不少。想象一下，如果有1000个单元格需要求和，你用加法公式来写，估计要浪费很多时间。这就是函数存在的一个重大意义——大幅度减少撰写公式的工作量。

函数也有固定的结构。函数的名称+括号+参数。三个部分一般都要全部具备才行，在书写时，一定要检查这三个部分是否齐全。

函数内部的标点符号，必须是英文状态下的符号，这一点要极其的注意，如果中间出现一个中文标点，函数将会报错。

4.2 常用函数

4.2.1 条件判断类函数

说到条件判断函数，大家肯定会先想到IF函数。但是条件判断类函数不只有IF函数，还有AND和OR函数。如果掌握它们，在一些特定场景中，将会发挥巨大的作用。

IF 函数

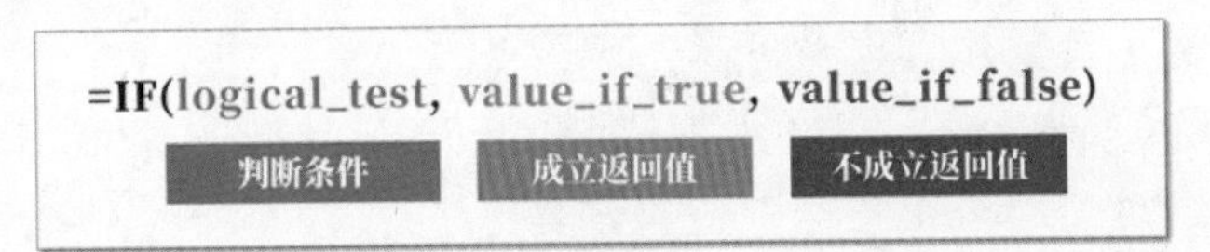

小张是一位老师，今天他在统计学生的成绩。成绩出来后是下面的一张表。小张老师想要看看哪些人不及格(低于60分)，下学期可以有针对性地进行辅导。这时就可以用IF函数来实现。操作步骤如下：

先考虑判定逻辑，在C3单元格插入IF函数如下：

=IF(B2<60, "不及格", "")

拖动填充柄，即可找出所有不及格的同学。

姓名	语文	条件判断
马超	95	
吕布	51	不及格
黄忠	97	
乐进	91	
张飞	90	
沙摩柯	53	不及格
孙坚	84	
潘璋	44	不及格
钟会	73	
于禁	44	不及格
曹仁	62	
韩当	88	
文聘	88	
廖化	62	
文鸯	75	
赵云	45	不及格
邓艾	63	
徐质	72	
徐盛	82	

=IF(B2<60,"不及格","")

看完哪些人不及格后，小张老师又想看看优秀的同学(高于75分)有哪些。在保留不及格标记的情况下，如何做?

仔细梳理下，会发现逻辑是这样的：

75分以上，优秀。60分～75分，合格。60分以下，不及格。

单纯IF函数，只能做一次条件判断。而这个时候，要来进行两次条件的判断，就需要用到IF函数的嵌套。

=IF(B2>75,"优秀",IF(B2>60,"合格","不合格"))

	A	B	C	D	E	F	G
1	姓名	语文	条件格式				
2	马超	95	优秀				
3	吕布	51	不合格				
4	黄忠	97	优秀				
5	乐进	91	优秀				
6	张飞	90	优秀				
7	沙摩柯	53	不合格				
8	孙坚	84	优秀				
9	潘璋	44	不合格				
10	钟会	73	合格				
11	于禁	44	不合格				
12	曹仁	62	合格				
13	韩当	88	优秀				
14	文聘	88	优秀				
15	廖化	62	合格				
16	文鸯	75	合格				
17	赵云	45	不合格				
18	邓艾	63	合格				
19	徐质	72	合格				
20	徐盛	82	优秀				

AND函数

小张老师拿到3个科目成绩时，他觉得每门课都及格，才算是合格的好学生，才能发证书。所以，现在就需要把三门课都合格的学生找出来。这时候，AND函数就派上用场了。

AND函数表示同时满足所有条件，得出的值才为真，只要有任何一个条件不满足，返回的就是假。不过，因为AND返回代值为True或者False，并不直观，所以都是和IF函数配合使用。具体公式如下：

=IF(AND(B2>=60,C2>=60,D2>=60),"可以发证","不合格")

	A	B	C	D	E	F
1	姓名	语文	数学	英语	条件格式	
2	马超	95	92	75	可以发证	
3	吕布	51	94	65	不合格	
4	黄忠	97	63	65	可以发证	
5	乐进	91	96	96	可以发证	
6	张飞	90	98	99	可以发证	
7	沙摩柯	53	97	83	不合格	
8	孙坚	84	69	61	可以发证	
9	潘璋	44	92	70	不合格	
10	钟会	73	91	60	可以发证	
11	于禁	44	86	76	不合格	
12	曹仁	62	67	50	不合格	
13	韩当	88	91	94	可以发证	
14	文聘	88	92	89	可以发证	
15	廖化	62	89	46	不合格	
16	文鸯	75	79	53	不合格	
17	赵云	45	54	92	不合格	
18	邓艾	63	74	81	可以发证	
19	徐质	72	60	47	不合格	
20	徐盛	82	86	95	可以发证	

OR函数

小张老师看成绩时发现，有个别学生单科成绩非常突出(大于95分)，想要把他们全部筛选出来，以后重点培养。这个时候就可以使用OR函数。

OR函数的排定规则：只要参数中多个判断满足1条，即为真，否则为假。

使用OR函数来找出成绩突出的学生的方法如下：

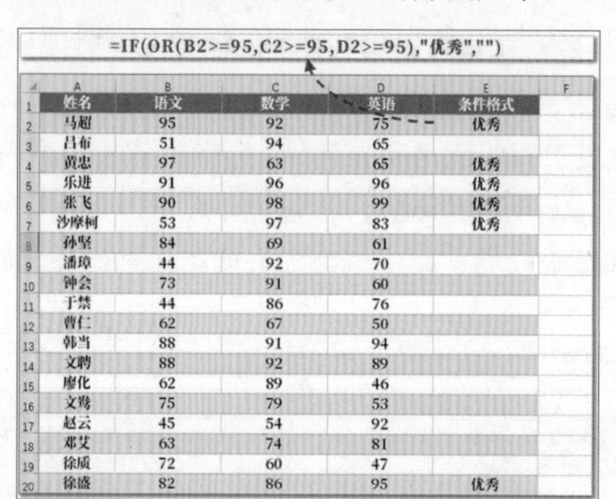
=IF(OR(B2>=95,C2>=95,D2>=95),"优秀","")

	A	B	C	D	E	F
1	姓名	语文	数学	英语	条件格式	
2	马超	95	92	75	优秀	
3	吕布	51	94	65		
4	黄忠	97	63	65	优秀	
5	乐进	91	96	96	优秀	
6	张飞	90	98	99	优秀	
7	沙摩柯	53	97	83	优秀	
8	孙坚	84	69	61		
9	潘璋	44	92	70		
10	钟会	73	91	60		
11	于禁	44	86	76		
12	曹仁	62	67	50		
13	韩当	88	91	94		
14	文聘	88	92	89		
15	廖化	62	89	46		
16	文鸯	75	79	53		
17	赵云	45	54	92		
18	邓艾	63	74	81		
19	徐质	72	60	47		
20	徐盛	82	86	95	优秀	

最后，假如要把学生分成很多的等级，比如60分以下不及格，60～70分合格，70～80分良好，80～90分优秀，90分以上突出。该怎么办？其实用IF函数也可以写，但是将会相当复杂。示例如下：

=IF(C2→90,"突出",IF(C2→80,"优秀",IF(C2→70,"良好",IF(C2→60,"合格","不及格"))))

一行都写不完的公式，而且还嵌套了太多的IF，看着都晕，结尾的括号数更是达到了四个。

但是，如果你用的是office365，会有一个最新的函数IFS，将大幅度减轻思考的工作量。它是可以判断多个条件，而且表达式大幅度简化。

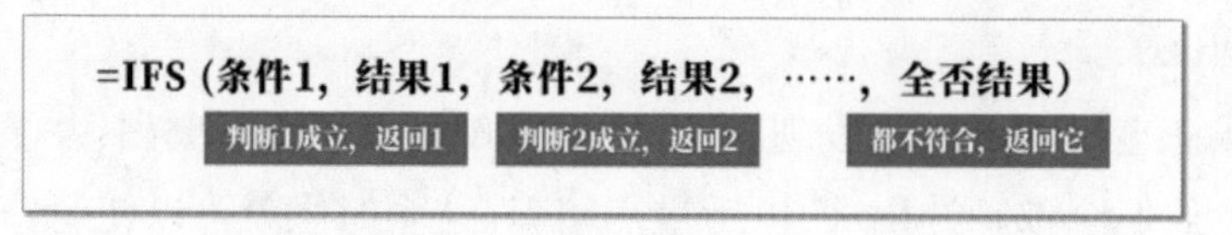

上面这个案例中，只需要写成：

=IFS(A2→=90,"突出",A2→=80,"优秀",A2→=70,"良好",A2→=60,"合格",TRUE,"不及格")

是不是简单了许多，不用再想着嵌套到第几层，不用想括号有没有补全。有了IFS函数，以后再写多条件判断，就会非常简单。

4.2.2数值计算类函数

数值计算类函数最常用的函数有求和(SUM函数)、平均值(AVREGE函数)、最大值(MAX函数)、最小值(MIN函数),这些函数从名字上就能知道他们的用途,非常简单。

这里简单用一个故事来说明下如何综合运用。

小王负责单位面试评分,一共7个考官打分。选手的最终得分是7个考官打分中,去掉一个最高分去掉一个最低分之后的平均值。如何实现这个需求?

先分析需求,最终得分是一个平均分,而且是去掉最高分和最低分之后,剩余得分的平均值。从后往前推导。

"去掉最高分和最低分"的对象是什么?对象是全部考官的打分合计。所以先得把所有考官的打分求和。

最高分和最低分如何得到,其实用MAX和MIN函数即可实现。

最终的平均分怎么得出?用AVREGE函数好像不行,因为不是固定的五个考官。怎么办?回到平均分的本质:"分数总和/个数"。

最终,就会发现应该这么来操作:

(7考官分数之和-最高分-最低分)/5。

将其转换成公式即可。

=(SUM(B2:H2)-MAX(B2:H2)-MIN(B2:H2))/5

=(SUM(B2:H2)-MAX(B2:H2)-MIN(B2:H2))/5

	A	B	C	D	E	F	G	H	I
1	姓名	考官1	考官2	考官3	考官4	考官5	考官6	考官7	最终得分
2	马超	71	64	75.4	87	82	95	66	76.28
3	吕布	62	87	94	82	63	70	75	75.4
4	黄忠	72	62	95	66.3	75	96	75	76.66
5	乐进	96	87	93	86	70	68	75	82.2
6	张飞	82	60	97	91	65	71	71	76
7	沙摩柯	71	62	76	81	63	73	85	72.8
8	孙坚	95	71	71	74	66	65	88	74
9	潘璋	81	89	83	73	67	74	99	80
10	钟会	81	81	88	68	73	94	93	83.2
11	于禁	95	81	62	62	91	67	72	74.6
12	曹仁	62	91	71	93	66	90	92	82
13	韩当	65	96	95	92	75	94	65	84.2
14	文聘	94	100	93	62	96	84	100	93.4
15	廖化	92	62	64	86	75	96	67	76.8

最终的得分结果小数点很多，怎么办？还有一个四舍五入的函数，ROUND函数，套在最外面即可。最终的公式是这样的：

=ROUND(((SUM(B2:H2)-MAX(B2:H2)-MIN(B2:H2))/5),1)

注意看下面的图，第一个数字就发生了变化，被四舍五入了。

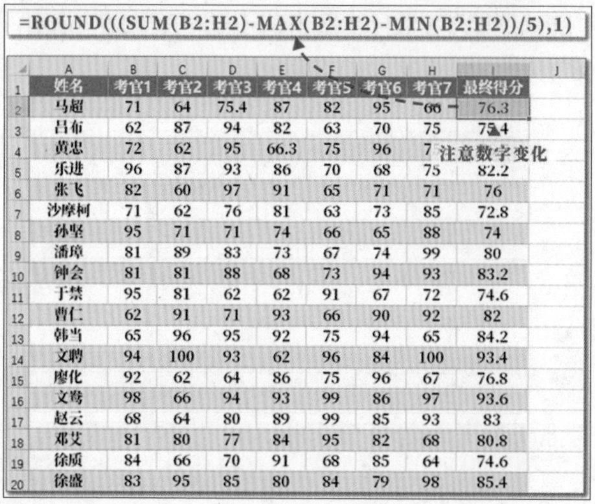

=ROUND(((SUM(B2:H2)-MAX(B2:H2)-MIN(B2:H2))/5),1)

	A	B	C	D	E	F	G	H	I	J
1	姓名	考官1	考官2	考官3	考官4	考官5	考官6	考官7	最终得分	
2	马超	71	64	75.4	87	82	95	66	76.3	
3	吕布	62	87	94	82	63	70	75	75.4	
4	黄忠	72	62	95	66.3	75	96	7[illegible]	[illegible]	
5	乐进	96	87	93	86	70	68	75	82.2	
6	张飞	82	60	97	91	65	71	71	76	
7	沙摩柯	71	62	76	81	63	73	85	72.8	
8	孙坚	95	71	71	74	66	65	88	74	
9	潘璋	81	89	83	73	67	74	99	80	
10	钟会	81	81	88	68	73	94	93	83.2	
11	于禁	95	81	62	62	91	67	72	74.6	
12	曹仁	62	91	71	93	66	90	92	82	
13	韩当	65	96	95	92	75	94	65	84.2	
14	文聘	94	100	93	62	96	84	100	93.4	
15	廖化	92	62	64	86	75	96	67	76.8	
16	文鸯	98	66	94	93	99	86	97	93.6	
17	赵云	68	64	80	89	99	85	93	83	
18	邓艾	81	80	77	84	95	82	68	80.8	
19	徐质	84	66	70	91	68	85	64	74.6	
20	徐盛	83	95	85	80	84	79	98	85.4	

注意数字变化

如果没有思考的过程，最终的公式看起来好像非常复杂。但是当你思路理清楚之后，公式反而是顺理成章的事情。

这个小故事提醒我们两点：第一，不要有了函数就鄙视公式，这两个都是非常重要的工具，在特定条件下，需要二者配合使用；第二，简单的东西，经过思考之后的组合，会发挥想象不到的威力。

4.2.3 文本操作类函数

接下来介绍文本操作类函数，主要是对于文本进行一些合并或提取。前面已经讲过，可以使用分列或者快速填充的方式，来进行文本的处理。

文本函数是另外一种方式，特点是扩展性良好，增加数据和内容之后，公式可以自动扩展，而分列和快速填充就必须重新操作一遍。他们虽然用途都是一样的，但具体的使用场景略微有些差别。

合并类函数

1."&"

这个最常用，就是把字符拼接起来。

2.CONCAT函数(office2016以上)

CONCAT函数和"&"的关系就类似于SUM函数和"+"的关系。它可以答复简化书写的复杂度。

3.TEXTJOIN函数(office2016以上)

可以在连接字符串时，加入分隔符。比如把下方的文字中间加入"/"分隔符。

文本1	文本2	文本3	文本4	文本5	文本6	文本7	公式	结果
我	爱	你	一	生	一	世	=A2&B2&C2&D2&E2&F2&G2	我爱你一生一世
我	爱	你	一	生	一	世	=CONCAT(A3:G3)	我爱你一生一世
我	爱	你	一	生	一	世	=TEXTJOIN("/",TRUE,A4:G4)	我/爱/你/一/生/一/世

提取类函数

主要有：LEFT函数，RIGHT函数，MID函数，LEN函数。

文本	函数名称	公式	结果	说明
我爱你一生一世	LEFT	=LEFT(A2,2)	我爱	从左侧开始，提取N个字符
我爱你一生一世	RIGHT	=RIGHT(A3,2)	一世	从右侧开始，提取N个字符
我爱你一生一世	MID	=MID(A4,2,2)	爱你	从第N个字符开始，提取M个字符
我爱你一生一世	LEN	=LEN(A5)	7	计算字符串的字符数

4.2.4 日期处理类函数

对于日期型的函数，经常会计算两个日期之间的间隔，提取年、月、日等。这些需求用不同的日期处理函数可以实现。

计算间隔

计算日期之间的间隔，最简单的方法就是直接相减。但是，直接相减得到的只是间隔天数，用来计算间隔的年或者月，不够精准。(因为每年并非正好是365天，不同月份也有大小月之分。)

如果想要得到精确的年或者月的间隔，就要使用DATEDIF函数。

=DATEDIF(start_date , end_date , unit)

开始日期　结束日期　单位

“unit”参数常见的有：“m”表示间隔的月份，“y”表示间隔的年份。看看下方的例子。

日期1	日期2	公式	结果	说明
2018年10月1日	2018年10月31日	=DATEDIF(A2,B2,"m")	0	相差30天，但未满1个月，返回0
2018年10月1日	2018年11月1日	=DATEDIF(A3,B3,"m")	1	相差满1个月，返回1
2018年10月1日	2019年9月30日	=DATEDIF(A4,B4,"y")	0	还差一天满1年，返回0
2018年10月1日	2019年10月1日	=DATEDIF(A5,B5,"y")	1	相差满1年，返回1

正是因为DATEDIF函数的这个特性，可以被用来计算周岁年龄，而且是非常准确的。

倒计时

对于一些重要的时间节点，如果有倒计时提醒，行动起来会更高效。

倒计时的原理其实就是“截止日期-今天日期”，可以使用TODAY函数来获取今天的日期。剩下的就简单了。假如今天是2018年11月09日，倒计时会显示成下面这样。

	A	B	C	D
1	距离双11血拼还有		截止日期	
2	002天		2018年11月11日	
3				
4				

提取年、月、日

最后，有时，还会需要专门提取年份、月份、日，这时候就分别可以使用YEAR、MONTH、DAY函数。

这么多的函数，记不住怎么办？

先梳理一下你的需求，比如求和、求日期间隔等，去百度搜索即可。

需要注意的是尽量简洁、精准地表达你的问题或者需求，带上Excel作为关键词。

知道用哪个函数，但是记不住参数和用法？

函数的用法，还可以利用提示框和Excel的帮助文件。只要输入函数名称，点击提示框中的蓝色超链接，即可跳转到官方帮助文档。

如果还不行，可以直接百度。

4.3 数据透视表

小王今天上午遇到了一件棘手的事情，领导给了他全国各地区的原始销售记录，记录有1000多条。要求小王汇总出不同年度、不同地区、不同品类的产品销售情况，并且在1小时内出结果。

这让小王相当的苦恼。按照以前的方式，至少要1～2天才能完成，这时候能帮助小王的神兵利器就是“数据透视表”。

4.3.1 创建数据透视表

先研究下原始数据，这个表格由以下几个部分构成：日期、销售地区、产品的品类、销售的数量、销售额和利润。数据规整，不存在之前说的地雷，可以直接进行分析。

第一步，要先创建数据透视表。步骤很简单：选中表格，“开始→插入→数据透视表”，确认表格范围后，点击确认即可。

这时候就会生成一个全新的工作表，里面什么都没有。

接下来，把“所属区域”字段拖到下方的“行”区域中，把“销售额”字段拖入到“值”区域中，结果自动呈现了。这不就是领导想要的分地区的销售额分类汇总吗？

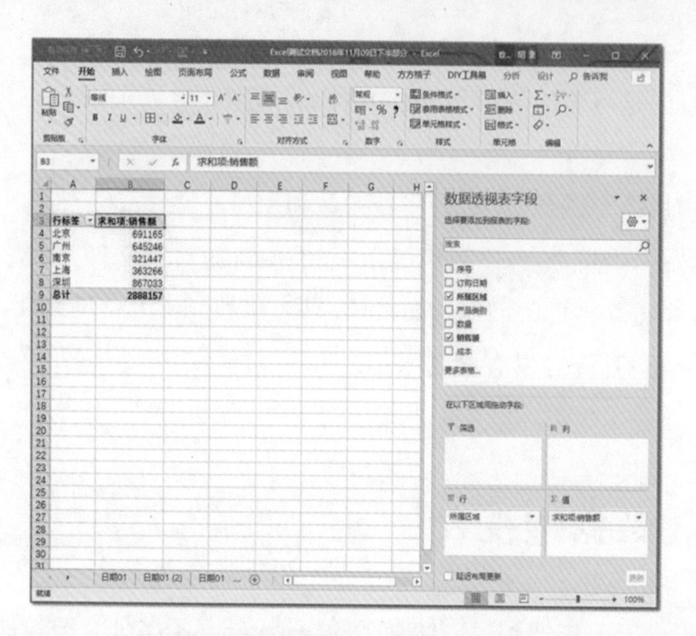

然后照葫芦画瓢，把其他需要分析的字段也进行类似的操作，五分钟都不要，领导的要求就完成了。

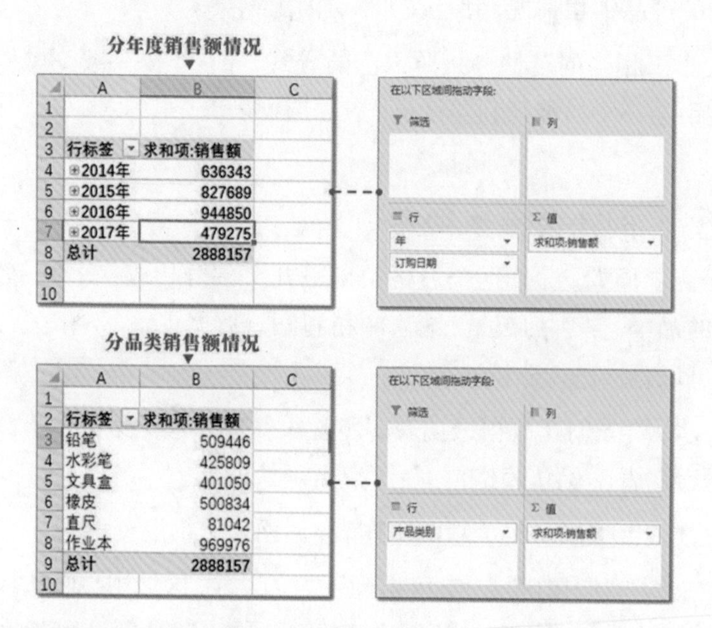

而且如果把“所属地区”和“产品品类”分别拖入“行”区域和“列”区域，就会出现不同产品在不同地区的销售额情况。

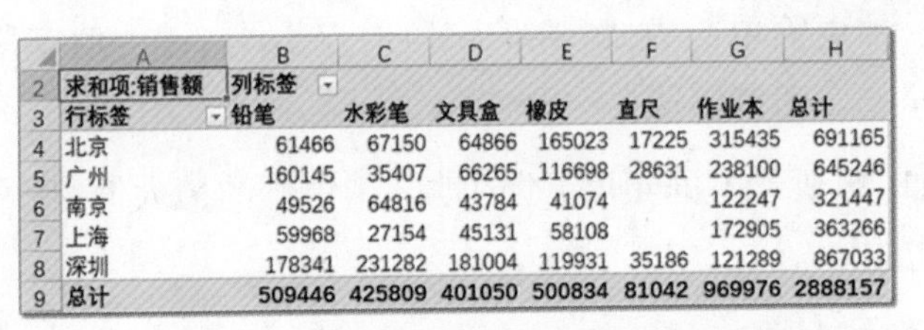

	A	B	C	D	E	F	G	H
2	求和项:销售额	列标签						
3	行标签	铅笔	水彩笔	文具盒	橡皮	直尺	作业本	总计
4	北京	61466	67150	64866	165023	17225	315435	691165
5	广州	160145	35407	66265	116698	28631	238100	645246
6	南京	49526	64816	43784	41074		122247	321447
7	上海	59968	27154	45131	58108		172905	363266
8	深圳	178341	231282	181004	119931	35186	121289	867033
9	总计	509446	425809	401050	500834	81042	969976	2888157

同理，还可以分析不同年度不同地区的销售额情况，不同年度不同品类的销售额情况。

通过上面的操作，能清晰地感受到，数据透视表的强大力量，只要几分钟时间，就可以迅速从各种不同角度，对数据进行统计分析，十分轻松便捷。

网上有这么个段子：“学1000个公式函数，不如掌握一个数据透视表。”认识了数据透视表，就要深入了解它一下，还有什么强大的功能。

4.3.2 数据透视表进阶

多种方式汇总

数据透视表不单单能以求和的方式汇总，还有其他很多汇总方式，比如计数、平均值、最大值、最小值等等。

如果领导想看不同年度、不同地区销售额的平均值，只需要简单地点选几次即可，操作如右：

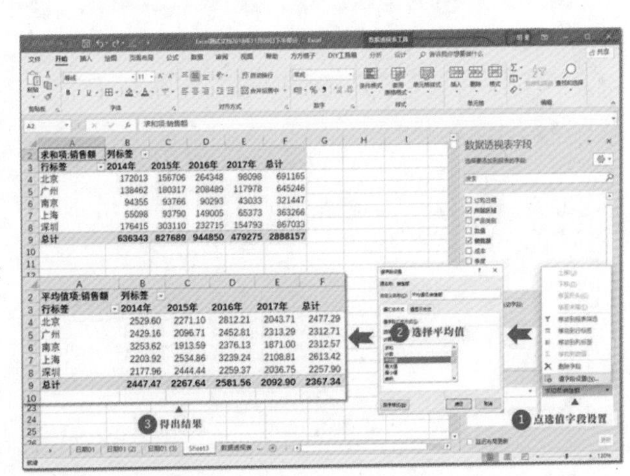

1.点击“求和项：销售额”。

2.点击“值字段设置”。

3.选择“平均值”。

4.得出结果，就是这么方便快捷。

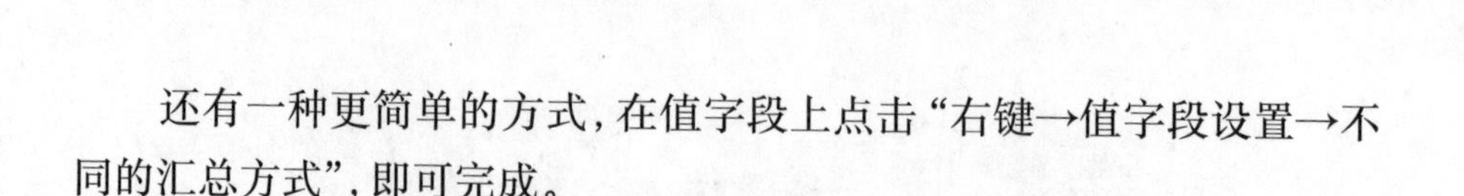

还有一种更简单的方式，在值字段上点击“右键→值字段设置→不同的汇总方式”，即可完成。

再比如，想要看不同年度、不同地区销售额的最大值，照葫芦画瓢就可以轻松完成。

显示各种比例

汇总值的显示方式，还可以是各种占比、同比、环比等等。这样一来，数据不再是单纯的数字，还呈现出一种结构或者趋势，让数据更加直观。

比如我们想看不同地区、不同年度销售额的占比情况，就可以这样操作：“右键→值显示方式→总计的百分比”。

从图中我们可以发现，南京8月份销售额的环比增长数据异常。

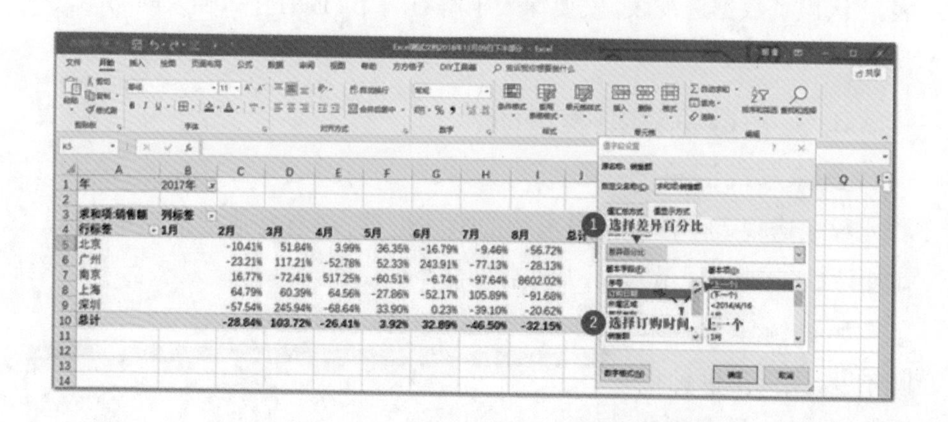

年	2017年								
求和项:销售额	列标签								
行标签	1月	2月	3月	4月	5月	6月	7月	8月	总计
北京		-10.41%	51.84%	3.99%	36.35%	-16.79%	-9.46%	-56.72%	
广州		-23.21%	117.21%	-52.78%	52.33%	243.91%	-77.13%	-28.13%	
南京		16.77%	-72.41%	517.25%	-60.51%	-6.74%	-97.64%	8602.02%	
上海		64.79%	60.39%	64.56%	-27.86%	-52.17%	105.89%	-91.68%	
深圳		-57.54%	245.94%	-68.64%	33.90%	0.23%	-39.10%	-20.62%	
总计		-28.84%	103.72%	-26.41%	3.92%	32.89%	-46.50%	-32.15%	

其实这也是数据透视表的作用之一，通过统计分析，发现有问题的数据。

同比增长率，是对比上一个年度的，把“订购日期”改为年即可。可以看到由于我只选择了2016和2017年的数据，所以2016年的同比增长率是不能计算的，显示为空值，这是正常现象。

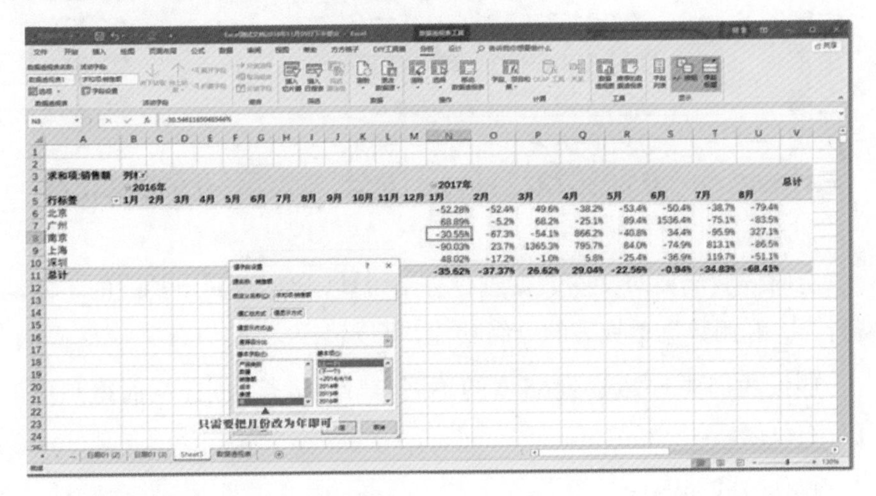

计算字段

数据透视表还可以对字段进行计算。比如，分析任务的达成率。这时候就可以用“完成值/目标值”来计算，也可以在数据透视表中完成。而且很方便地呈现出最终的结果，让我们快速地知道完成的数据和目标的差值。

例如，这是某公司不同地区销售额目标值和完成值情况表。需要了解不同地区的完成率，就要用到数据透视表的字段计算功能。

具体操作如下：

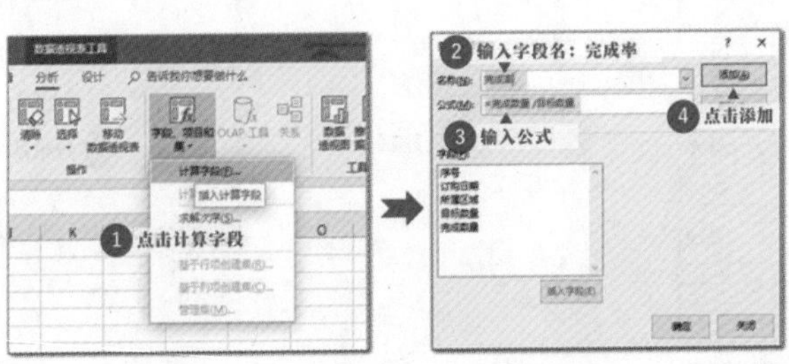

成功添加字段后，即可使用数据透视表直接统计分析，数据可能是以小数形式存在的，更改为百分比格式即可。

行标签	求和项:完成率
北京	0.88317757
广州	0.90170198
南京	0.926095821
上海	0.903387
深圳	0.906069698
总计	0.903673221

更改为百分比格式

行标签	求和项:完成率
北京	88.32%
广州	90.17%
南京	92.61%
上海	90.34%
深圳	90.61%
总计	0.903673221

分组统计

有时候我们要对某些数据进行分组统计，比如不同年龄段的不同消费行为。利用数据透视表的分组功能，可以轻松实现。

假设我们要对25岁到65岁的不同年龄段进行分组，从而得到更加直观的数据。

操作方式如下：

1.建立数据透视表。

2.在“年龄”上右键→组合。

3.设定最大值、最小值和步长。

4.得出结果。

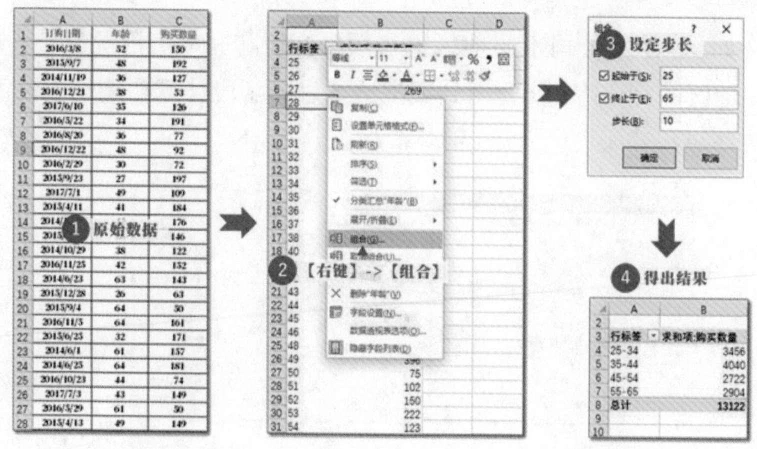

高级筛选

最后还可以使用筛选功能，让数据透视表变得动态化。筛选有两种方式。

第一种方式：把某个字段加入筛选选项。

比如把年份加入筛选选项，就可以通过点选得到不同年度的数据。

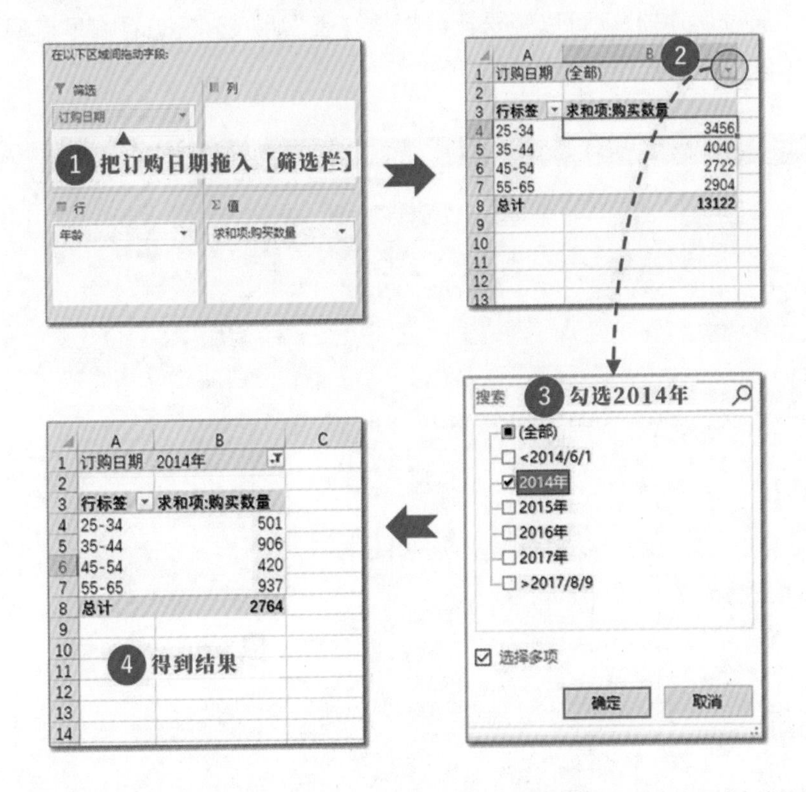

第二种方式：切片器。这个在超智能表格章节已经介绍过，这里的使用方法也是类似的。

添加切片器的步骤如下：

1.数据透视表工具→分析→插入切片器

2.勾选想要筛选的变量

3.得到切片器

通过切片器，只需要简单点选，即可进行高级筛选，比如想要看北京地区的铅笔销售额，就可以点击“北京”，再点击“铅笔”。

如果想要看上海地区铅笔和橡皮合在一起的销售额，在产品类别的切片器上点击多选按钮，即可多选。

最后，如果你想要恢复原来的视图，点击清除筛选按钮即可。

通过切片器，就可以轻松让数据透视表“活”起来，想看哪里点哪里，领导再也不会抱怨分析的角度少了。

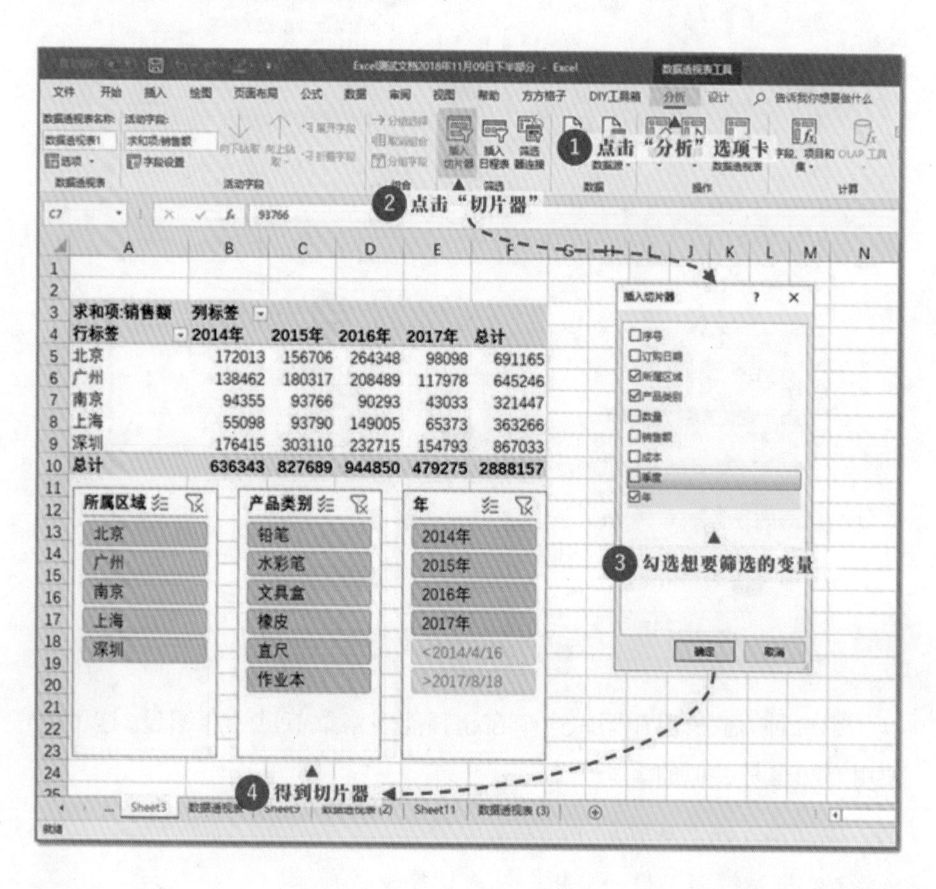

第五章

清晰结果呈现

数据分析完成后，得到表格，然而并没有结束，因为这种表格依然不是特别直观的表现方式。所以，还需要把得到的内容进一步打磨，直观地呈现出来。

有两种主要方式，第一种是在表格本身做凸显，这是条件格式的拿手本领。第二种是使用图表来呈现，这将会让你的表达重点更突出。

5.1 条件格式巧呈现

可能很多人对条件格式的印象，停留在突出显示某个异常数据上。但是这只是条件格式功能的冰山一角。它可以分为两大类规则：格式化规则和图形化规则，分别有不同的用途。

5.1.1 格式化规则

标记异常数据

之前用条件格式，可以轻松地标注出异常的数据，比如用IF函数标注不及格的同学，但是IF函数需要辅助列。有时候反而不那么直观。而使用条件格式，能更加直观地把这些数据标注出来。

比如想要标记不及格的得分情况，就可以使用条件格式设置如下：

1.选中需要标注的“成绩”列。

2.点击“条件格式→突出显示单元格规则→小于……”。

3.输入参数“60”。

4.得出结果。

查看排名情况

另外，假如想要把前五名标注出来，不想要用排序的方式，也可以请条件格式来帮忙。操作方法如下：

1. 选中需要标注的“成绩”列。

2. 点击“条件格式→最前、最后规则→前10项”。

3. 输入参数“5”，只选出前5项。

4. 得出结果。

注意，这里Excel的按钮名称，可能会引起一点误解。“前10项”并不是真的前10项，而是前N项。N可以自由设定。

设定到期提醒

在有些控制任务进度的表格中，如果想要有一个任务到期提醒，条件格式仍然可以实现。你每次打开表格时，自动标注下周要到期的任务。

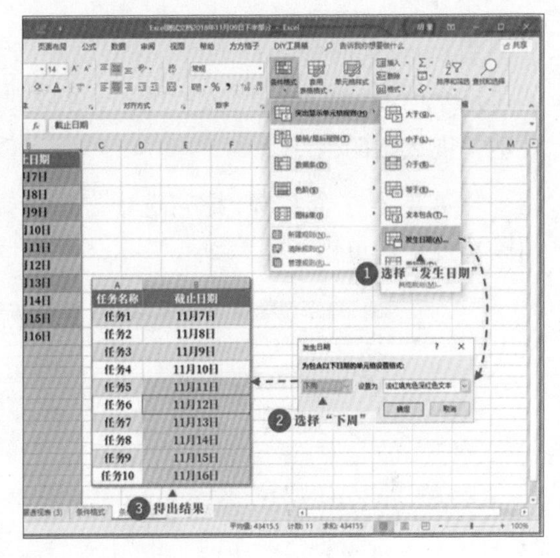

标记重复数据

利用条件格式来标记重复数据，有两种使用方式。

第一种方式：整理别人录入的数据时，使用这个功能进行检查，一旦发现变色，就说明有重复，可以快速定位。比如要检查身份证这一列是否重复，就可以这样操作：

1. 选中需要标注的“身份证”列；

2. 点击“条件格式→突出显示单元格规则→重复值”；

3. 选择参数“重复”；

4. 得出结果。

第二种方式：提前设定好条件格式，这时候，表格看起来没有多大变

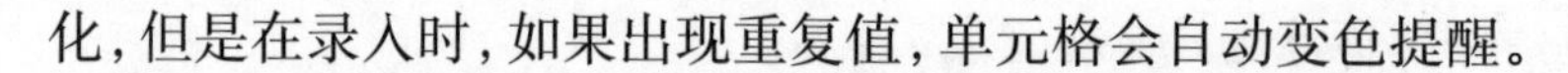

化，但是在录入时，如果出现重复值，单元格会自动变色提醒。

这个功能非常好用，特别适用于不能有重复的数据，比如录入工号或是录入身份证号码。设置方法和上面一致。

5.1.2 图形化规则

数据条

当Excel里面全是数据时，我们没办法一眼就看到非常清晰的趋势。如果这个时候，数据是比较单纯的，可以使用“数据条”功能，它可以直观地呈现数据的大小。

比如下面这个案例，把它选中之后选择数据条，就能发现它是一个清晰呈现的结果。

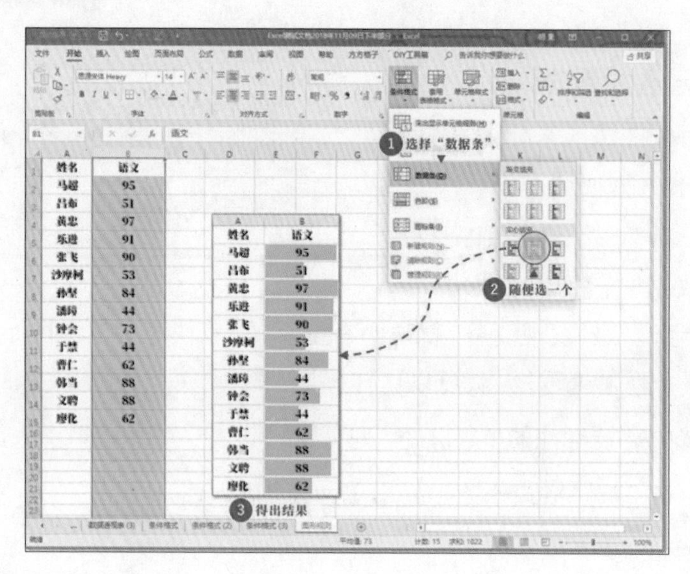

色阶

色阶这个功能不常用，它主要用来表示连续变化的变量，用颜色的深浅来代表不同的数值。比如，城市的PM2.5指数，就可以使用这样的方式来呈现。

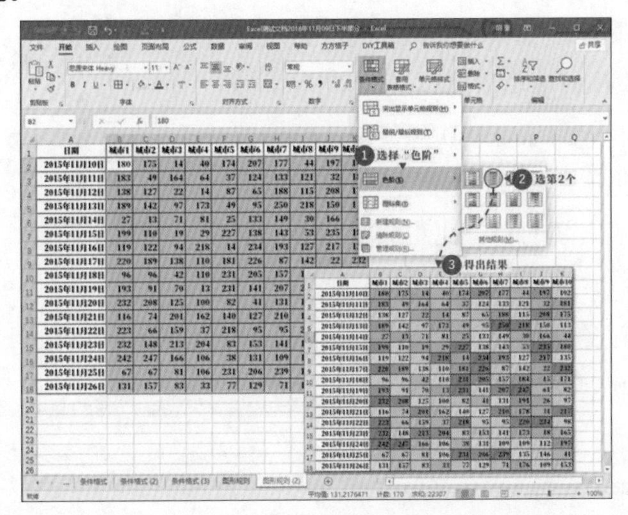

有了色阶的标记，红色的就是污染重的，绿色的就是污染轻的，一目了然。

图标

在条件格式里，还有一些非常好用的小图标。小图标也可以根据数值的变化而变化。

比如，你想要清晰地查看项目的进度，就可以使用下方的小圆饼图标。操作方式如下：

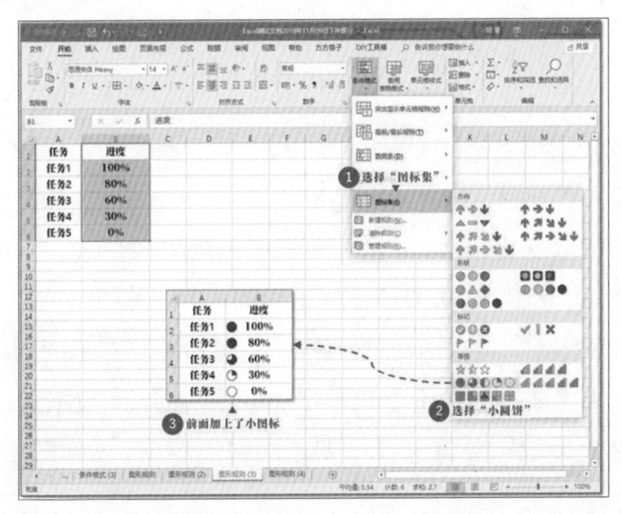

有了小圆饼，各种项目进度是否一下子清晰了很多？但如果换一组数据，会发现有问题，比如右图这组数据：

	A	B
1	任务	进度
2	任务1	100%
3	任务2	80%
4	任务3	60%
5	任务4	40%
6	任务5	30%

原因在于Excel默认的规则是按照百分比来分配进度的，当最小值不是0时，以最小值和最大值之间的百分比生成小圆饼。这样显然是不符合常识的。

为了避免这种悲剧发生，可以自行定义和修改，方法如下：

1.选中包含条件格式的数据。

2.点击“条件格式→管理规则”。

3.双击“图标集”。

4.在弹出的对话框中，更改“类型”为数字，更改“值”分别为1、0.75、0.5、0.25。

5.点击“确定”即可得到正确结果。

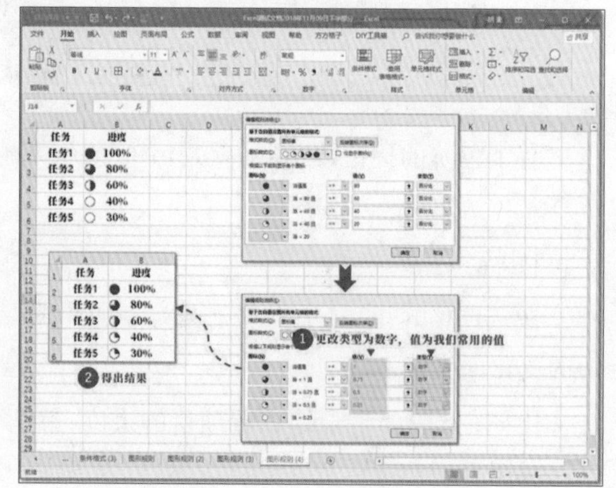

5.1.3 迷你图

说完了条件格式，还有一个图形化展示的方式是迷你图。它也适合展示简单的数据变化趋势，而且在单元格内就可以呈现。常见的迷你图有以下三种：折线图、柱状图和盈亏平衡图。

比如，有这样一张表格，反映张三、李四和王五在不同的月份的销售额情况。如果想要知道数据变化趋势，只是通过增加数据条，并不明显，而专门做一个折线图好像又没必要。这种情况下，迷你图是最佳选择。

操作方式如下：

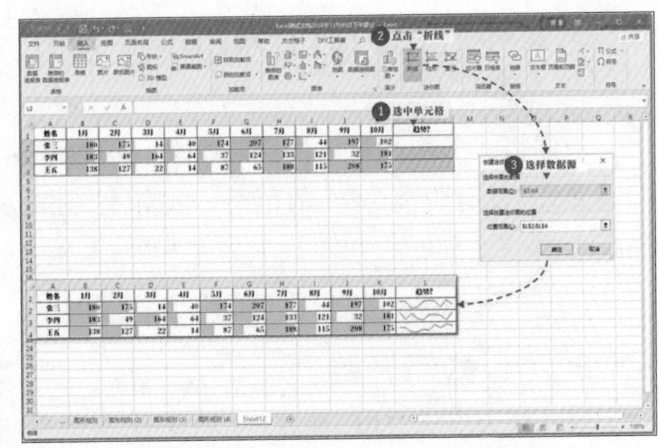

1.选中需要添加迷你图的单元格。

2.点击"插入→折线"。

3.选择数据源。

4.生成结果。

有了这个数据表，销售员们的趋势就一目了然了。迷你图还有两种形式，分别是柱状图和盈亏平衡图。操作方法和迷你折线图完全一致。

另外，迷你图中还有一个好用的"标记颜色"功能，更加直观地帮助你呈现数据。比如上面的盈亏平衡图，就是把负值标记为红色。

如果想要标记出柱状图的最高点，操作如下：

1.选中迷你图。

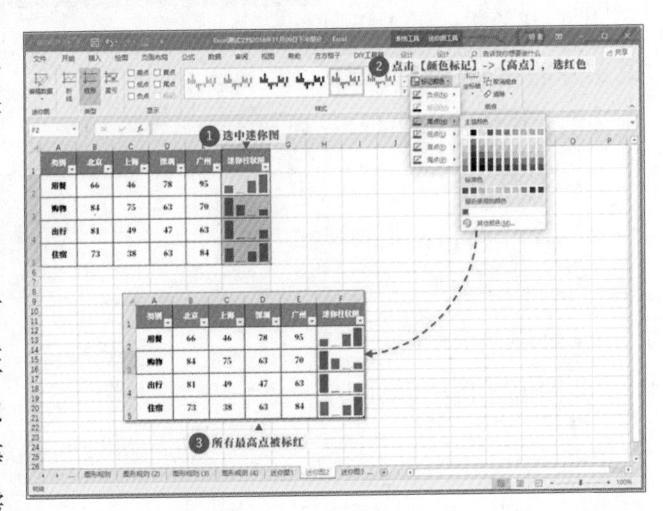

2.点击"颜色标记→高点"，选择红色。

3.得出结果，所有高点被标红。

同样的，还可以标记其他的特征点，比如低点、负值、首点和尾点等等，根据具体的需求选择即可。

5.2 基础图表打头阵

条件格式虽然能让表格更加直观。但是仍然只是在表格本身去做一些文章，没有脱离“表”的范畴。实际上，还有更加直观的表达方式，那就是“图”。

5.2.1 如何开始

既然图表这么有用，那就一步步看怎么创建一个图表。我们用一个具体案例来说明，比如下方的数据，要做成一个柱状图，应该如何操作？

插入图表

1.选中数据表。

2.点击“插入→推荐的图表”。

3.选择合适的图表样式，点击确定即可。

调整布局

可以在Excel已经设定好的布局中进行一个挑选。操作方式如右：

1.选中图表。

2.点击“图标工具→设计→快速布局”。

3.选择一种布局。

4.图表区自动更新。

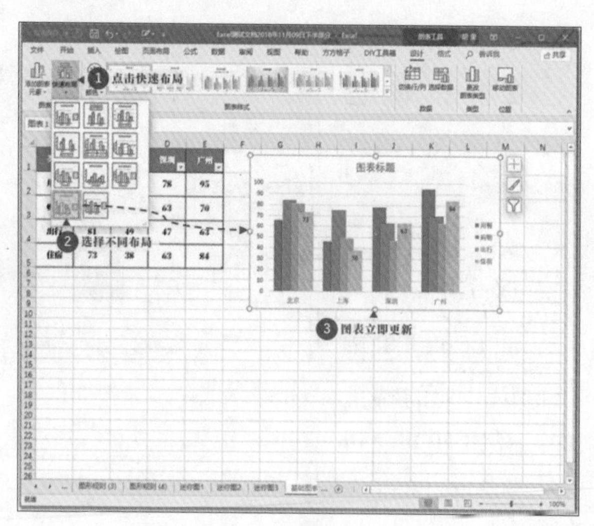

快速美化

Excel自带多种美化方案，直接挑选一个你看着顺眼的就可以。操作是：点击图表样式栏中的样式，图表会自动更新。

打造模板

图表其实是由很多元素组成的。比如图表标题、数据系列、坐标轴、数据标签和图例等等。下面这张图就展示了主要的图表元素。

想要修改也非常简单，操作方式如下：

1.选中图表。

2.在右侧会出现三个小图标，点击第一个“+”图标。

3.点选即可添加/删除相关的图表元素。

鼠标指向某个元素，还能快捷调整元素的位置，比如想把图例调整到图表区的下方。就可以这样操作：

1.鼠标悬停在“图例”上。

2.点击出现的小三角形。

3.选择图例位置为“底部”。

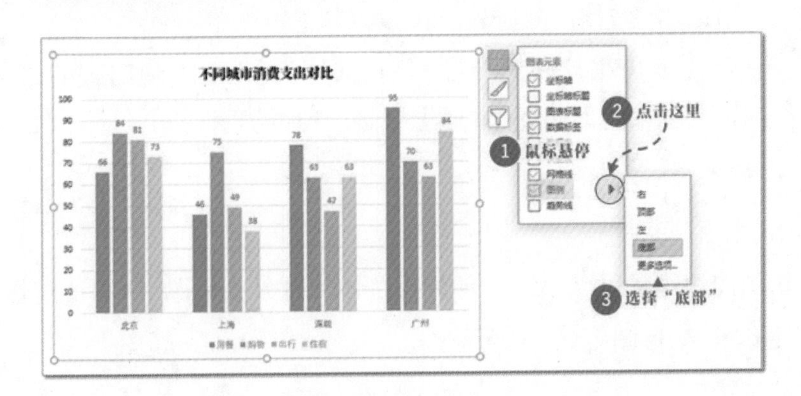

其他的元素都可以照葫芦画瓢找到对应的操作。有时候，设置好了一个图表之后，下次想要再设置同样的图表，不需要反复去操作，只需要把图表变为模板即可。

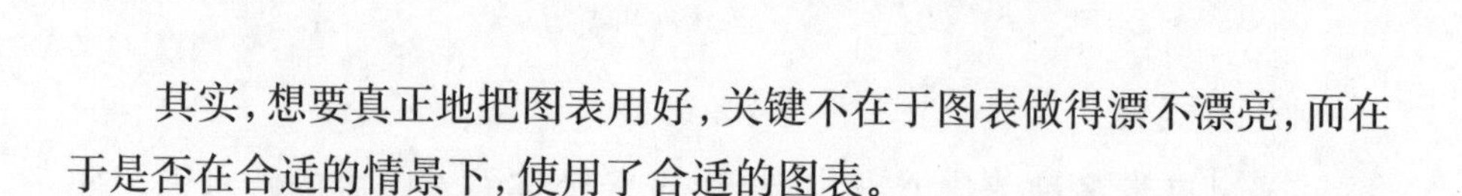

其实，想要真正地把图表用好，关键不在于图表做得漂不漂亮，而在于是否在合适的情景下，使用了合适的图表。

接下来的内容，将聚焦于图表的用途和呈现方式。先介绍基础的图表，主要有以下四种。

5.2.2 柱状图

柱状图，是出镜率最高的一种图表。它适用于多个类别数据的比较，可以清晰地展现出不同类别数据之间的差异。

柱状图的类型主要有三种：普通的柱状图，堆积柱状图和百分比堆积柱状图。

5.2.3 条形图

条形图，本质上是一个放倒的柱状图。它基本上可以和柱状图互换，但是它有一个比较独特的使用场景：用来表现数值的排名情况。

5.2.4 折线图

折线图主要用来反映某个数据随着时间变化而表现出来的趋势。从折线图衍生出来的面积图，本质上也是一种折线图。

5.2.5 饼图

饼图的用途是呈现不同的部分占整体的百分比情况，饼图还可以衍生出环形图、扇形图等。

5.3 高端图表来助力

除了这些基础的图表，还有很多高大上的图表，可以在特定的情况下，使数据有更好的表达。

5.3.1 雷达图

雷达图常用于多维度评价。当你有多个维度的数据，需要比较评估时，使用雷达图，能清晰地展现每个维度情况。

5.3.2 树状图

树状图这个名称很奇怪，因为它一点都不像是一棵树。树状图适合少量的数据的直观比较。它通过色块面积的大小，清晰地展现出数值的大小。看腻了柱状图，偶尔用树状图，会让人耳目一新。

5.3.3 旭日图

旭日图，适合展示多个层级的数据构成。用饼图表示构成关系时，只能有一个层级，而用树状图最多只能有两个层级。如果有更多的层级就无法表达，旭日图就很好地解决了这个问题。

5.3.4 瀑布图

瀑布图，是柱状图的变形，它特别适合展示资金变化的过程，可以清晰地反映初始状态到最终状态的整个变化过程。

5.3.5 漏斗图

漏斗图，也是柱状图的变形。只不过它更侧重于表现一个流程中不同级别的转化效果。

比如你的购买行为，可以分为四个过程：查看商品连接→加入购物

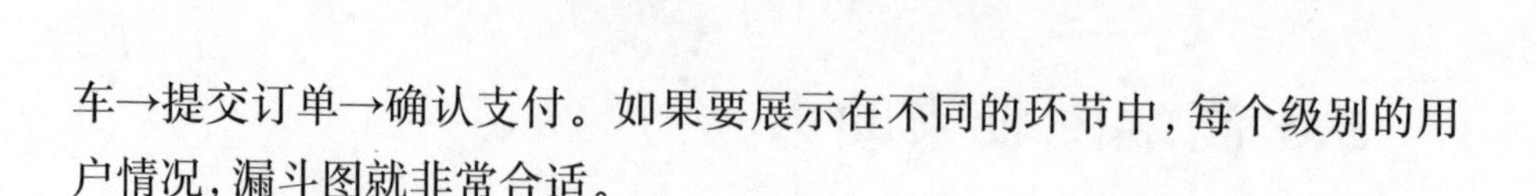

车→提交订单→确认支付。如果要展示在不同的环节中，每个级别的用户情况，漏斗图就非常合适。

5.4 动态图表“玩”起来

前面制作的这些图表，都是静态图表，做完就会固定下来。但是数据是在不停变动的。如果每次数据变动后都要重新作图，这也是一件很烦琐的事情。如何解决这个问题？

只要你学会了数据透视表，就可以利用它来制作图表。配合数据透视表自动更新的特点，真正让图表动起来。

我们还是看数据透视表章节中的案例，不同年度各地区不同品类文具的销售情况。再看之前制作好的带有切片器的数据透视表，选中数据透视表，插入柱状图后，会是这个样子。

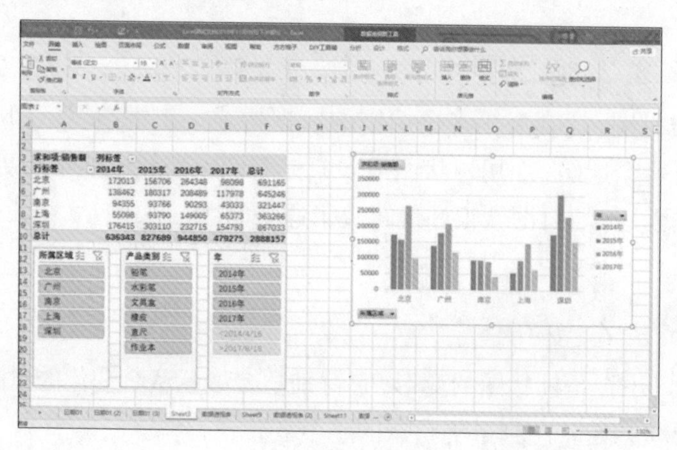

这时候，用切片器来做一个筛选，比如筛选出北京地区铅笔的销售额。点选切片器后，柱状图立刻发生了变化。

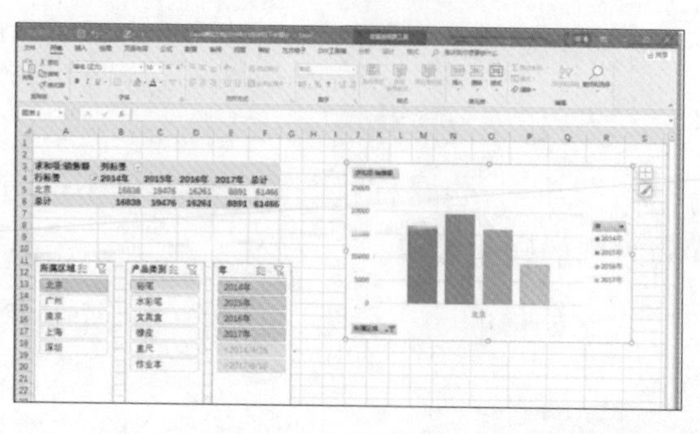

再比如，想看北京和广州的文具盒销售额对比，只需要按照下图点选，即可自动生成，是不是很方便？

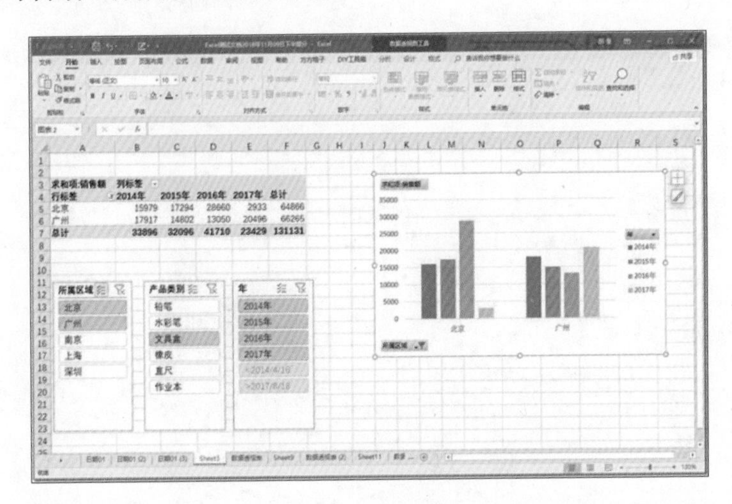

这样一来，领导想看什么数据，你都能轻松完成。

假如原始的数据有了变动，只要更新下数据透视表即可生成全新的图表。我们试试看，把北京地区2016年的某个销售数改得非常大，图表会有什么变化？

具体操作如下：

1.修改原始数据，把下图所示的数据改为99999。

	A	B	C	D	E	F	G
1	序号	订购日期	所属区域	产品类别	数量	销售额	成本
2	1	2016/3/8	广州	文具盒	80	2,360.00	2,386.00
3	2	2015/9/7	深圳	作业本	200	3,837.00	2,979.00
4	3	2014/11/19	广州	铅笔	818	10,679.00	8,315.00
5	4	2016/12/21	北京	作业本	250	1,724.00	1,330.00
6	5	2017/6/10	广州	橡皮	30	327.00	331.00
7	6	2016/5/22	北京	文具盒	42	519.00	318.00
8	7	2016/8/20	上海	水彩笔	[illegible]	[illegible]	[illegible]
9	8	2016/12/22	深圳	铅笔	[illegible]	[illegible]	[illegible]
10	9	2016/2/29	深圳	文具盒	208	2,808.00	2,421.00
11	10	2015/9/23	广州	橡皮	36	403.00	382.00
12	11	2017/7/1	广州	文具盒	18	240.00	143.00

改为：99999

2.在更改之前，如果看北京不同年度的文具盒销售数量，图表是这样的。

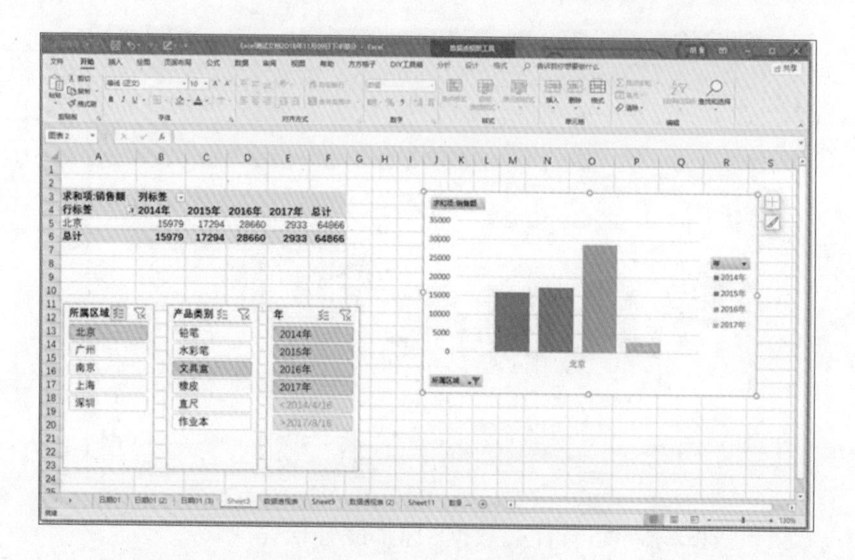

3.在数据透视表上点击右键，选择“刷新”。

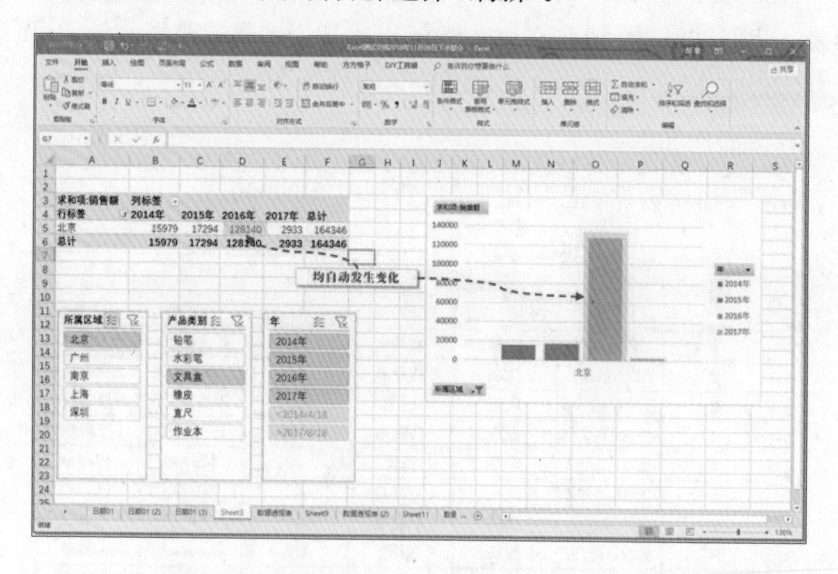

我们会发现图表和数据都发生了很大的变化。这说明源数据的改变也可以自动更新，更加方便。

第六章

高效插件

6.1 高效查看

Excel的插件在合理利用的情况下，能大幅度提高效率。因为这些插件，把一些相对复杂的功能，封装在一个简单的按钮中。

我个人比较常用的插件是方方格子。它可以弥补低版本office的一些不足，非常便捷地实现一些复杂的公式才能达成的效果。它有各种金光闪闪的功能：高效查看、数据处理、拆分/合并表格、身份证日期的提取以及各种各样的辅助工具。

6.1.1 聚光灯

方方格子有一个非常好用的聚光灯功能，这个功能，能通过颜色的变化，标示出当前的单元格，而且行和列也会自动突出显示(不影响原始表格格式)。再也不怕会出现看错行导致数据出错的悲剧了。

6.1.2 导航功能

Excel的文档，是一个文档一个窗口。当你切换文档时，要在不同的窗口间来回切换。不管是使用快捷键(Alt+Tab)，还是使用鼠标点选，都相当麻烦，因为你需要二次确认，这个窗口是不是你想要的表格窗口。

而方方格子的导航功能，就很好地解决了这个问题。开启导航之后，在窗口的左侧会自动生成导航栏。导航栏的上方是目前正在打开的工作簿，导航栏的下方是相应工作簿对应的工作表。

有了这个导航，不但可以在工作簿之间很轻松地切换，而且还可以在工作表之间轻松地切换。特别是当你打开好几个工作簿时，效率会明显提升。

6.2 数据处理

之前，介绍过很多数据处理方法，但是只有高版本的office能够比较方便地实现。如果是低版本就很难实现，但是通过方方格子，就可以比较轻松地实现类似的功能。

6.2.1 字符的提取和过滤

它可以根据字符的不同的性质来进行提取，比如提取英文，提取数字，提取中文，等等。比如，我们想要提取下面这些杂乱信息中的中文字符，就可以进行如下操作：

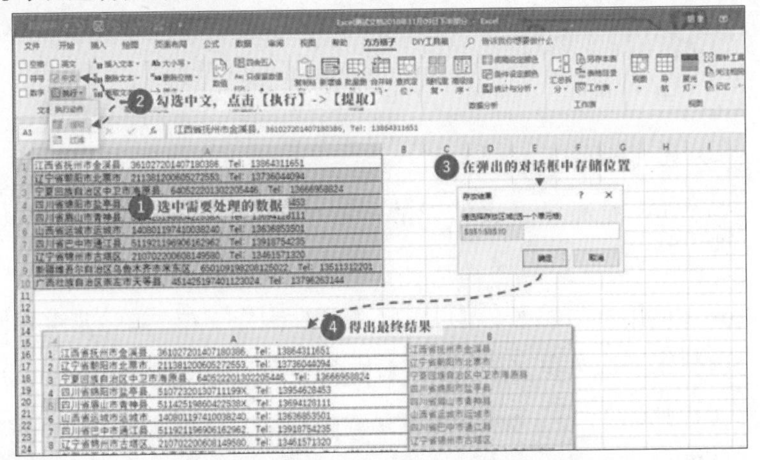

它也可以反向过滤某些类型的字符，比如，过滤英文，过滤数字；也可以插入文本，删除文本，改变大小写，等等。

6.2.2 删除看不见的字符

前面介绍了，可以通过批量替换的方式，删除单元格中看不见的空格。有一些换行符或者是其他特殊符号，并不能被眼睛看见，但是会严

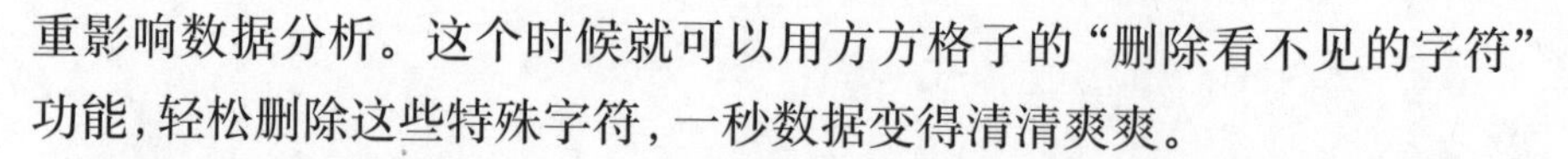

重影响数据分析。这个时候就可以用方方格子的“删除看不见的字符”功能，轻松删除这些特殊字符，一秒数据变得清清爽爽。

操作方式仅仅是：选中需要处理的数据，点击“删除空格→删除不可见字符”。

6.2.3 批量删除

如果你使用高版本的office是可以比较轻松地实现批量删除的。但是如果你的office版本比较低，只能通过插件的方式来实现。方方格子可以批量地删除错误值、空行、空列等。

以删除空行为例，操作如下：

1.选中待处理数据。

2.点击“批量删除→删除空行/列”。

3.确认范围、选项，得出结果。

6.2.4 制作下拉菜单

下拉菜单，是减少录入错误的重要手段，但是制作起来略显麻烦。需要先自定义列表，然后设置数据有效性，步骤比较多。

如果你使用方方格子，就可以轻松一步制作下拉菜单，非常方便，只需要点选制作下拉菜单，然后输入菜单的选项，点击确认即可。

操作步骤如下：

1.选中需要插入下拉菜单的单元格。

2.点击新增插入→插入下拉菜单。

3.手工输入序列(每行一个)。

4.得出结果。

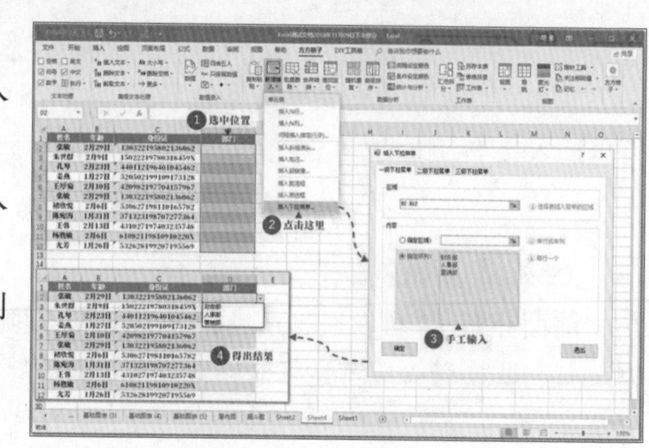

6.3 表格的合并和拆分

前面介绍过，表格的合并和拆分可以通过Power Query实现。但是，这也是高版本office的专属功能。低版本的office就只能依仗方方格子了。

6.3.1 表格的合并

每到年底时，公司经常需要把每个月的表格合并到一张表上，或者把各个地区的表格汇总起来。以前可能都要手工粘贴，但是，现在用方方格子，操作就简单多了。

假如有几个表格需要汇总到一起，这些表格的格式都一致，比如像下面这样。

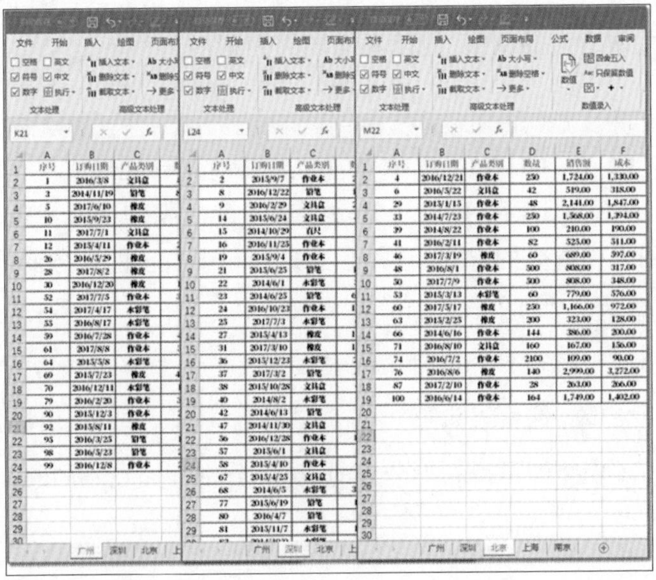

序号	订购日期	产品类别
1	2016/3/8	文具盒
3	2014/11/19	铅笔
5	2017/6/10	橡皮
10	2015/9/23	橡皮
11	2017/7/1	文具盒
12	2015/4/11	作业本
26	2016/5/29	橡皮
28	2017/8/2	橡皮
30	2016/12/20	橡皮
52	2017/7/5	作业本
54	2017/4/17	水彩笔
55	2016/8/17	水彩笔
59	2016/7/28	作业本
61	2017/8/8	作业本
64	2015/5/8	水彩笔
69	2015/7/23	橡皮
70	2016/12/11	水彩笔
79	2016/2/20	作业本
90	2015/12/3	作业本
92	2015/8/11	橡皮
95	2016/3/25	铅笔
98	2016/5/23	铅笔
99	2016/12/8	作业本

序号	订购日期	产品类别
2	2015/9/7	作业本
8	2016/12/22	铅笔
9	2016/2/29	文具盒
14	2015/6/24	文具盒
15	2014/10/29	直尺
16	2016/11/25	作业本
19	2015/9/4	作业本
21	2015/6/25	铅笔
22	2014/6/1	水彩笔
23	2014/6/25	铅笔
24	2016/10/23	作业本
25	2017/7/3	水彩笔
27	2015/4/13	橡皮
31	2017/3/10	橡皮
36	2015/12/23	水彩笔
37	2017/3/2	铅笔
38	2015/10/28	文具盒
40	2014/8/2	水彩笔
42	2014/6/13	铅笔
47	2014/11/30	文具盒
56	2016/12/28	作业本
57	2015/6/1	文具盒
58	2015/4/10	作业本
67	2015/4/25	文具盒
68	2014/6/5	水彩笔
77	2015/6/19	铅笔
80	2016/4/7	铅笔
81	2015/11/7	水彩笔

序号	订购日期	产品类别	数量	销售额	成本
4	2016/12/21	作业本	250	1,724.00	1,330.00
6	2016/5/22	文具盒	42	519.00	318.00
29	2015/1/15	作业本	48	2,141.00	1,847.00
33	2014/7/23	作业本	250	1,568.00	1,394.00
39	2014/8/22	作业本	100	210.00	190.00
41	2016/2/11	作业本	82	525.00	511.00
46	2017/3/19	橡皮	60	689.00	397.00
48	2016/8/1	作业本	500	808.00	317.00
50	2017/7/9	作业本	500	808.00	348.00
53	2015/3/13	水彩笔	60	779.00	576.00
60	2017/5/17	橡皮	250	1,166.00	972.00
63	2015/2/25	橡皮	200	323.00	128.00
66	2014/6/16	作业本	144	386.00	200.00
71	2016/8/10	文具盒	160	167.00	156.00
74	2016/7/2	作业本	2100	109.00	90.00
76	2016/8/6	橡皮	140	2,999.00	3,272.00
87	2017/2/10	作业本	28	263.00	266.00
100	2016/6/14	作业本	164	1,749.00	1,402.00

合并的具体操作如下：

1.点击“汇总拆分→合并多表”。

2.设置参数，建议勾选“合并后，标注工作表”，且选择全部标注。

3.点击确定，即可生成合并表格如下。

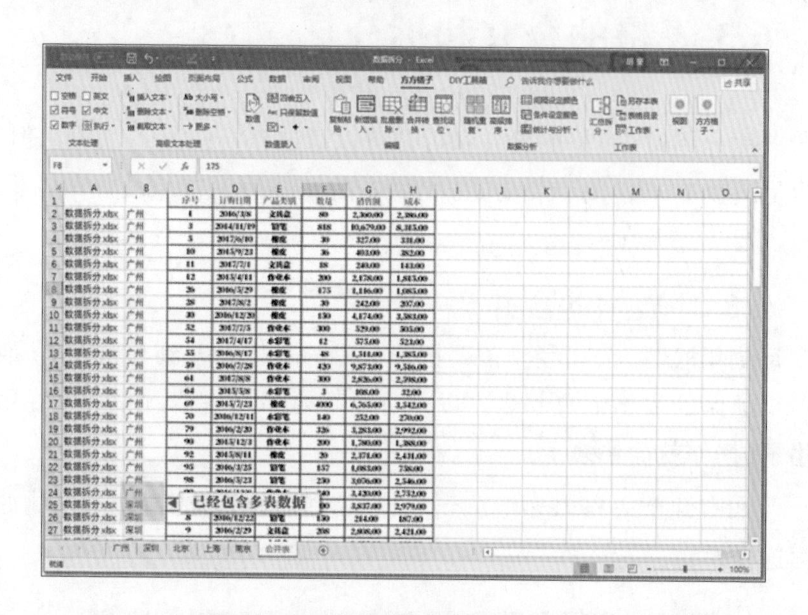

然后，做适当的调整，删除不需要的列即可。

6.3.2 表格的拆分

表格的拆分比较典型的场景是任务分配。整理出几十条任务清单之后，使用表格拆分的方式，让每个人拿到属于自己的任务清单，这样查看和执行起来会更加方便。操作步骤如下：

1.点击“汇总拆分→拆分工作表”。

2.设置参数，保留表头第一行，以“姓名”作为关键字段拆分。

3.点击确定，即可得到拆分后的表格，分别存储在不同的工作表中。

PPT 篇

☑ 没必要花时间，PPT 等于提词器？

☑ 必须有好素材，才能做好PPT？

☑ 必须要会设计，才能做好PPT？

☑ 学会复杂技巧，才能做好PPT？

☑ 以上，全是对PPT的严重误解！

☑ 看完本篇，助你轻松搞定PPT！

第一章

对 PPT 的严重误解

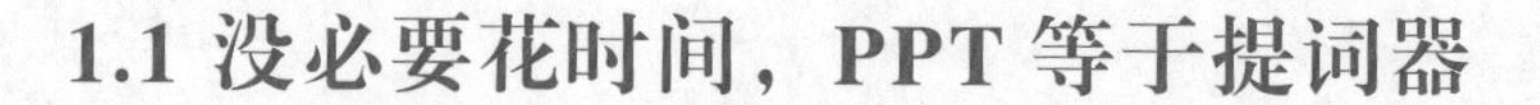

1.1 没必要花时间，PPT等于提词器

你可能听过这样的话：“PPT只不过是提词器而已，没必要花费时间制作精美的PPT。”其实说这句话的人，可能还没有领略到PPT的魅力。在你有好内容的前提下，你还需要一个简单大方的PPT来为你的内容加分。当你兼顾内容和形式的时候，你会发现不但你自己能节省时间，观众也更加愿意听你的内容。

这才是PPT的真正价值——必须服务于内容，为内容的呈现加分。

1.2 必须要会设计，才能做好PPT

第二个严重的误解是必须要会设计，才能做好PPT。而会设计，你就得会Photoshop相关的技巧，你得懂色彩搭配的技巧，你得有美术功底，或者天生对美有灵敏的直觉。

其实完全不是这样。PPT是为内容服务的，所以对于普通人来说，不需要把PPT做成发布会那样精美，更常见的可能是工作型的PPT。只需要简单大方，页面清爽，能直接、清晰表达想法即可。

当你以这个目的去思考的时候，就会发现制作PPT其实并不那么难，不需要复杂的设计，不需要非常有难度的图片处理，也不需要有美术功底。

你需要的只是用简单易学的思路和技巧，高效地解决简单大方的工作型PPT而已。

1.3 必须有好素材，才能做好 PPT

第三个严重的误解是必须有好素材，才能做好PPT。很多人看大神们的PPT，都是各种高清大图，各种精美的图标，各种美观清晰的逻辑示意图，所以会产生这种误解。

而自己找不到这些素材，就算能找到，也根本不会用，甚至认为这些素材是用Photoshop加工出来的。这也导致误解越发明显。

有好素材，能更好地呈现PPT的内容，这点不假。本篇后续的内容，也会教大家，如何才能快速找到合适的素材。

但是好素材并非是必需的，特别是在工作型的PPT制作场景下，就算是“0”素材，也可以完成一个不错的PPT。

所以，素材并不是制约你做好PPT的关键。

1.4 学会复杂技巧，才能做好 PPT

第四个严重的误解是学会复杂技巧，才能做好PPT。很多人认为PPT的技术非常复杂，需要学一大堆技巧，比如，如何用Photoshop修图，如何找到合适的高清图片，如何搭配页面色彩，如何安排页面布局，如何制作高大上的图表，如何搞定各种逻辑示意图，等等。

还是那句话，目标一定要清楚，我们需要的是在短时间内制作出一个80分的PPT。

当你明确了这样的目标后，思路就会一下子打开。你不是要成为

PPT制作的大神级人物，你只是需要成为一个高效的工作型PPT制作高手即可。

这样一来，期待自动降低，焦虑感也大幅度降低。各种以前看不上的方法，就全部有了新的价值。本篇接下来介绍的PPT思路和技巧，也全部是针对工作型PPT场景设计的。

希望你在接下来的阅读过程中，始终提醒自己这一点：我不是要成为PPT大神，不要用发布会的标准来要求自己。

第二章

从此 PPT 制作不发愁

2.1 开始前的准备工作

风险如果能提前防范住，就会减少执行中出错的机会。所以在开始之前，必须要充分做好准备工作。这会让后期的PPT制作，少踩很多坑，也会大幅提升PPT制作效率。

2.1.1 保存是第一要务

第一个需要防范的风险就是：PPT没有保存。辛辛苦苦制作了几十页PPT，还没来得及保存，突然断电，就会一切归零。

所以，保存是第一要务，务必在开始之前，设定好自动保存。PPT自动保存的设置："文件→选项→保存"，设置保存间隔为3分钟。为什么PPT是3分钟，因为到后面你会发现，如果你速度很快，10分钟就能完成PPT的制作，那么，间隔设置过大，就没有什么意义了。

同样，PPT也可以保存在云端，使用One Drive来保存，也会开启自动保存，具体的操作和注意事项，请参考Word篇2.1章节。设置成功后，自动保存按钮才能打开。

当把保存设置好之后，第一个保命的操作就完成了。

2.1.2 给自己的后悔药

第二个需要防范的风险是：没有任何后悔的机会。有的时候，有一个新的思路，做到一半的时候，发现行不通。或者是你辛辛苦苦按照新思路完成了，领导还是喜欢原来的。

但是PPT没有历史版本功能，没办法返回。其实，PPT是有后悔药的，贴心的微软考虑到了这种情况，所以，PPT撤销步骤最大可以设置为150次，150次足够去尝试一个新的想法了。

但是，请注意，PPT默认的可撤销步骤是20次。你必须手动更改，才能真的拿到这瓶后悔药。请立刻点击“文件→选项→高级”，找到“最多可取消操作次数”，将其设置为150次。

2.1.3 摸清底细再动手

第三个需要防范的风险是：不要打开软件就开始做，一定要先摸清放映的设备和条件。这一点往往被忽略，但又至关重要。

想象一下，如果放映屏幕是16:9的，但是你做的是4:3比例的PPT，放映的时候，就会很不美观，而且会显得非常的不专业。

关键是等你发现的时候，已经来不及修改了。所以，一定要在开始制作PPT之前，就确定好放映的比例。

同时，如果有条件，建议检查放映的条件。不同的条件下，制作的思路是完全不一样的。

如果是在电脑上观看，那基本上不用考虑颜色的问题。但是如果是用一个比较老旧的投影仪播放，或者播放现场的遮光条件非常差，而恰巧你用的是一个比较淡色的主题或者字体的话，内容会完全看不清。

所以，当你搞清楚放映的环境的时候，就能帮助你一开始，就避开这些地雷。对付老旧投影或者杂乱的光线环境，你就需要用高对比度的配色+粗大的字体。这样一来，就算条件差，最终的展示结果也是可以接受的。

2.2 PPT要做成什么样？

在做好准备工作之后，还需要清楚一件事请，PPT要做成什么样子？

前面澄清对PPT的误解的时候，其实已经弄明白了，我们不是要成为一个PPT大神，去制作精美的发布会的PPT。而只是为了在工作中让表达更加清晰、更加出彩。

所以后面提到的PPT制作，都是围绕着职场使用的工作型PPT展开的，工作型PPT的特征也很明显，那就是简洁大方不花哨。

你不需要学会复杂的动画设置，也不需要一大堆酷炫的技巧，比如各种多彩的字体，各种图片的美化，这些都不是重点。重点是，如何使用非常简单的技巧，让你能清晰准确地表达即可。

千万要记住一点，内容大于形式，PPT只是锦上添花，万不可本末倒置。所以应该把更多的时间，投入内容的打磨。

而PPT的呈现，自然有简单快捷的方法来帮你实现。接下来就先来认识一下一份PPT是由哪些页面构成的。

2.2.1 封面页

封面是PPT最先呈现给观众的第一张页面，一般会展示演讲的主题，会让观众形成非常重要的第一印象。第一印象的好坏，决定了观众是否愿意花时间和注意力听下去。

2.2.2 目录页

目录页，会非常清晰地展现出PPT的结构，接下来要说哪些重点内容。这会让听众有一个整体的把握，你具体要说什么。

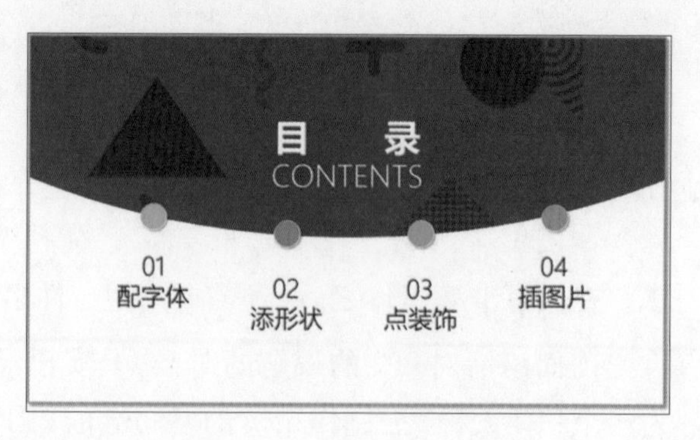

2.2.3 转场页

在不同部分的内容之间，最好插入一个转场页，它的作用是明确地告诉听众：上一个主题结束了，接下来你要讲另外一个主题了。会有利于观众抓住下一个重点，或者是突出接下来要讲的主题。比如右图这样的。

2.2.4 内容页

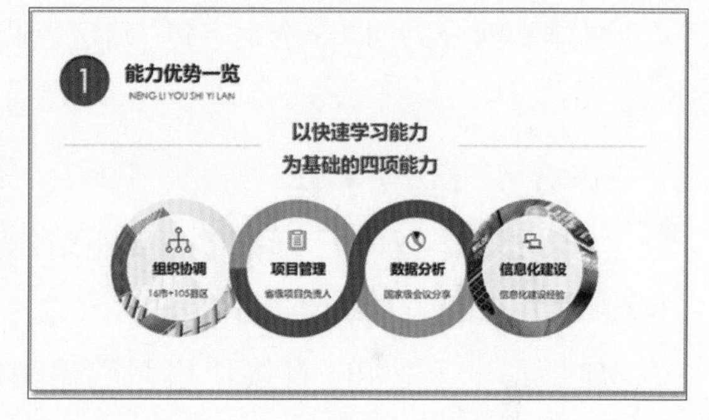

内容页，主要是展示演讲的具体内容。这里面就有各种各样不同的表达方式，文字页面、图表页面、关系示意图等等，会占整个PPT的80%以上。

2.2.5 结束页

结束页一般是幻灯片的最后一页，起到收尾作用，常见的页面内容有致谢、重申主题、表达畅想等。

对PPT的基本页面有一个了解之后，就能明白，制作一个PPT需要具备这五种类型的页面，这样才能对PPT的制作有一个整体上的把握。接下来，会介绍那些神奇的技巧。

2.3 “0”素材搞定工作型 PPT

这一部分，将会打破第一个对PPT的严重误解。那就是：没有各种精美的图标，没有各种精美的图片，不知道各种很复杂的逻辑关系图，就真的没办法做好一个工作型的PPT吗？

显然不是，接下来的内容，将不会使用任何额外的素材，仅用一个简单的形状，完成一整套PPT的制作。整体的思路是：使用一个形状的大小、位置变化，来制作5种基础的PPT页面，使得PPT既能保持整体的统一感，又能使不同的页面有清晰的变化和区分。

具体步骤分为四步：选定字体，确定色调，插入形状，添加装饰。

2.3.1 选定字体

如果是工作型PPT，选字体不要纠结，直接使用“黑体”，因为黑体几乎是工作型PPT万能的字体搭配。

如果是个人使用，直接使用微软雅黑家族(微软雅黑+微软雅黑Light)即可，通用性非常强。

如果是商业使用，可以考虑思源黑体家族(思源黑体Bold+思源黑体Light)。

2.3.2 确定色调

很多人都会头疼PPT的颜色如何搭配。这里有两种情况，一种是有惯用的色彩搭配或者是有企业Logo，直接使用或者取色即可。另外一种是没有惯用色彩，那就根据不同行业的特点，选择合适的主色调即可。

从Logo中取色

如果有一些现成风格的色彩搭配，直接使用即可。或者有一个企业

Logo，也可以从Logo中想办法取出主色调。用这种主色调，作为整个PPT的基础色调，然后再搭配上黑、白、灰即可。这样的色彩搭配会让企业的员工感觉非常熟悉和亲切。

使用固定搭配

如果没有Logo，也不用担心。下面有一些通用风格的颜色搭配。

科技行业：一般都会用各种蓝色。

金融行业：深蓝、深红和比较深的橙色。

制造业：蓝色、绿色居多。

医疗行业：蓝色、绿色居多。

教育行业：橙色、红色、绿色等活泼颜色居多。

不知道大家发现没有，蓝色几乎百搭，各个行业都有它，因为蓝色总给人一种沉着冷静专业的感觉，所以，当你不会配色的时候，用蓝色虽然不一定出彩，但是一定不会出丑。

2.3.3 插入形状

既然蓝色是最常用的颜色，我们就用蓝色当主色调。接下来，就可以开始变魔术了。将使用一个简单的形状，来区分出不同的页面类型，快速制作出风格统一的5大常用的页面。

其实想要划分版式，无非是形状的大小和位置变化。所以我们就来看一个简单的矩形，如何变化出不同的版式。

封面页：

目录页：

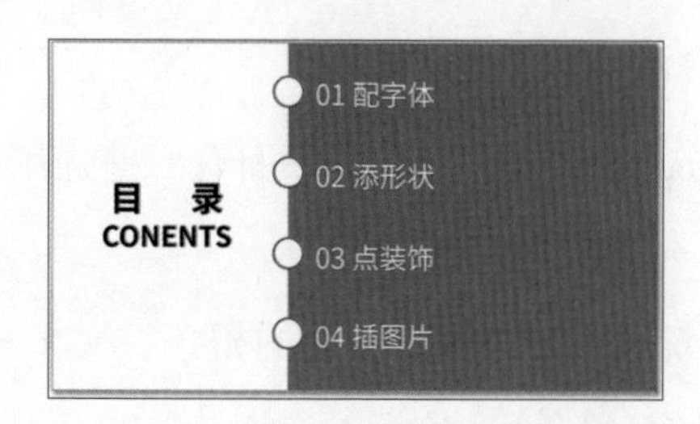

转场页：

内容页：

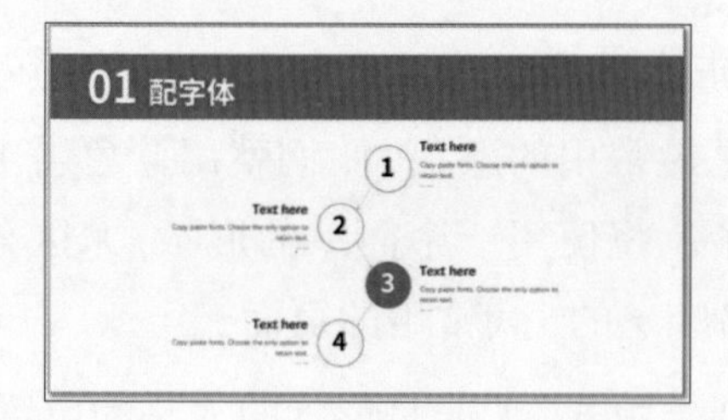

结束页：

这只是矩形，换个其他的形状，比如圆形，会是这样：

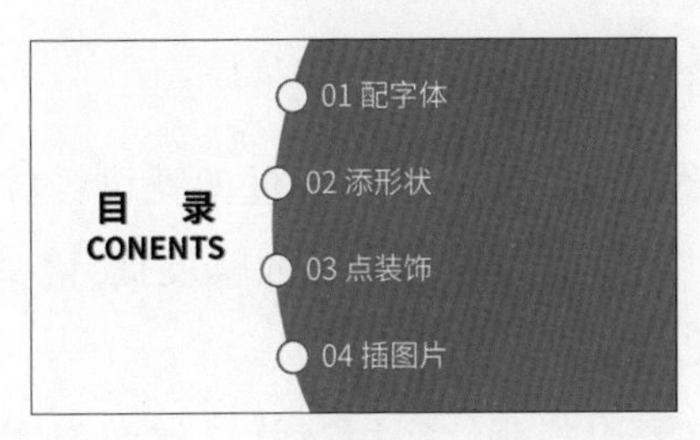

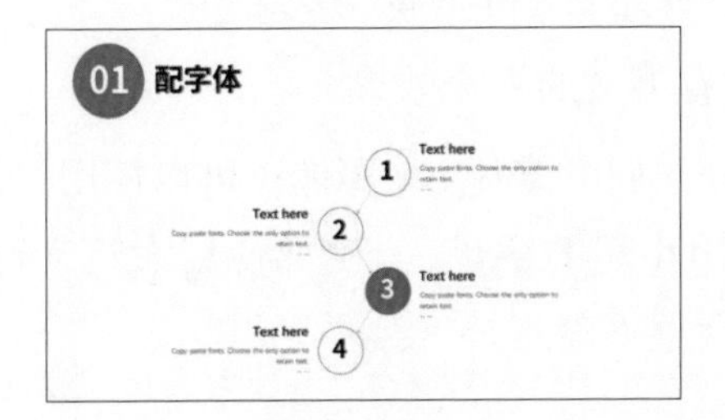

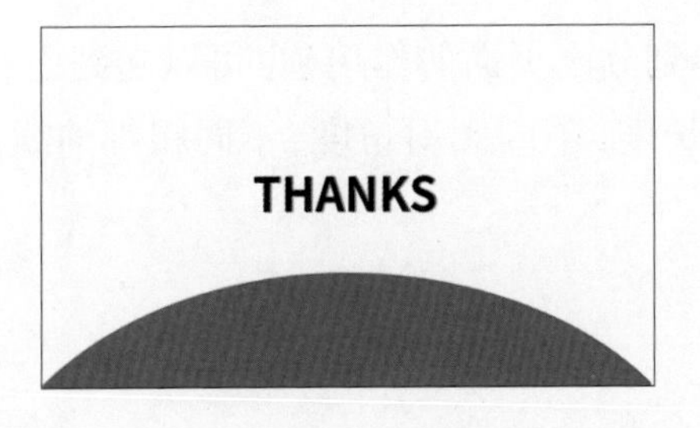

依然毫无压力，所以，你发现了吗？如果你认真去尝试，只要换一个形状，就有不一样的版式，再加上大小和位置的变化，几乎有无限种组合。应付工作型PPT绰绰有余。

是不是简单的操作，就让所有的页面，既做到了风格统一，而且每个页面都有各自的特点？做完这一步，就完成了一个60分的PPT。达到合格水平，让我们再通过一些简单的小技巧，让PPT变得更加精美。

2.3.4 添加装饰

通过上一步操作，整个页面的基本框架就已经成型了。接下来，再添加一些装饰，会让整个页面的精致感大幅度提升。装饰的元素主要有线条、小色块和英文。

你肯定会觉得“英文”有什么用？就以封面为例，来看下加上装饰后，会有什么神奇的变化。

英文

英文这个东西很奇怪，只要合理地搭配，会让整个页面档次一下子就提高了。我们不需要清楚原理是什么，知道如何使用即可。主要用于封面页、目录页、转场页和结束页。来看看英文的神奇效果。

对于英文不好的同学来说，其实你还可以使用汉语拼音，但是记住一点，千万不要使用小写的字母，一定要使用大写字母或者至少首字母是大写的，否则就会很不美观。

线条

线条既可以起到分割页面的作用，也可以起到引导视觉的作用。所以，当你使用不同长度、不同倾斜角度、不同粗细的线条时，会给人完全不一样的感觉。

小色块

小色块，主要是为了让整个页面，显得更加活泼生动，不那么呆板。但是注意小色块的使用要适度，否则可能有反面效果。最好是在整体严肃的风格下，略微增加一点活泼的元素。

当完成以上所有的步骤的时候，再来看一下所有的页面，是不是感觉简洁大方、风格统一、内容清晰，最重要的是还有一点设计感。完全可以算作是80分的PPT了。

在这个过程中，没有使用任何的额外素材，没有使用精美的图片，没有使用各种各样精致的图标，全部都是通过一个简单形状的变化和线条、色块搭配出来的。

2.4 极速PPT制作五步法

“0”素材法主要适用于那些没时间、没素材的情况。接下来，介绍另外一种方法，能更快、更好地帮你完成一篇工作型PPT，叫iSlide插法。

在制作PPT的过程中，经常会有一些高效的插件，其中我个人用的比较多的是iSlide的插件。它的功能比较丰富，不但提供了一些快捷的操作，而且有相当丰富的素材库：图片、图标、图示、图表、插图等等。

合理地使用iSlide，将会帮助我们在短时间内，快速完成PPT的制作。特别适合在时间紧、任务重的时候使用，省去自己思考页面布局和色彩搭配的时间。

2.4.1 选模板

很多人对模板的态度是：使用模板会阻碍PPT技术的进步。这句话其实不准确，准确的话是：完全依赖模板，可能会阻碍PPT技术的进步。但是请记住我们的目的，不是要成为PPT大神，而是使用PPT来完成工作内容的展示。

所以，在时间紧任务重的前提下，合理地使用模板非常必要。而且我们并非完全依赖模板，后面会专门有章节，介绍如何制作自己的个性化模板。

如何使用iSlide套模板？操作方式如下：

确定PPT类型

首先，你必须要确定PPT是哪种类型，是计划总结、竞聘简历、演讲培训还是节日庆典。确定好类型，就可以利用这些类型在iSlide的“主题库”中进行一个初步的筛选。操作步骤如下：

1.点击“iSlide→主题库”按钮。

2.弹出主题库对话框。

3.点击选择主题类型。

4.鼠标悬停在感兴趣的页面上，会弹出预览。

5.预览页面中点击箭头，可以看到更多版式。

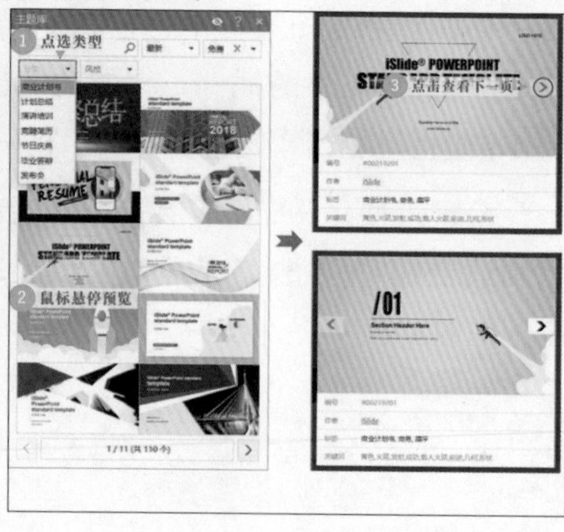

选择PPT风格

确定类型之后，还可以选择不同的风格，iSlide有商务、扁平、中国风、小清新等供你选择。

选一个你喜欢的主题，点击下方的不同比例，即可下载到本地。

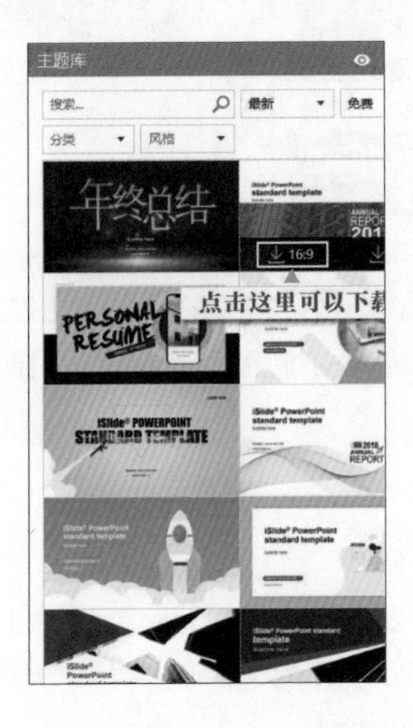

下载完成后，PPT文件内基本上都会具备封面、目录、转场和结束页。

部分主题没有目录，没关系，下一步有办法补上。这一步完成后，PPT的整体风格和大致的框架就定下来了。

最后，说下收藏这个小功能，为什么要收藏？想想你自己的浏览器，如果没有收藏夹的话，每次你访问常用网站都要输入地址或者百度搜索，那是多么麻烦的一件事？

所以收藏很重要，它的使用方法很简单，直接点击主题左上角的小星星即可，收藏过的主题可以在"我的收藏"里面看到。具体请看下图。

之后介绍的图示、图标、智能图标的收藏也全部是照葫芦画瓢，不再赘述。接下来，就重点来解决不同类型的内容页，比如逻辑关系、图表等页面如何呈现。

2.4.2 选图示

对于逻辑关系的展示，用PPT的SmartArt也可以做，但总觉得不那么精美，而且被用得太多了，缺乏新鲜感，容易审美疲劳。

想要更精美的逻辑关系图示，就可以使用iSlide的"图示库"功能来帮忙，各种精美的逻辑关系图示非常好看。

确定图示类型

首先，你要确定，你想要展示的逻辑关系是什么类型。比如流程、循环、层次等。然后就可以到iSlide的“图示库”中按类型进行筛选。

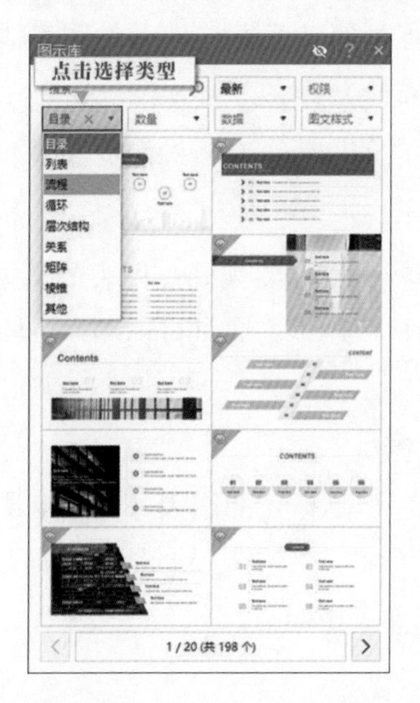

你会惊奇地发现，iSlide“图示库”的类型中还有目录，这就可以弥补部分主题目录页不好看的缺陷。

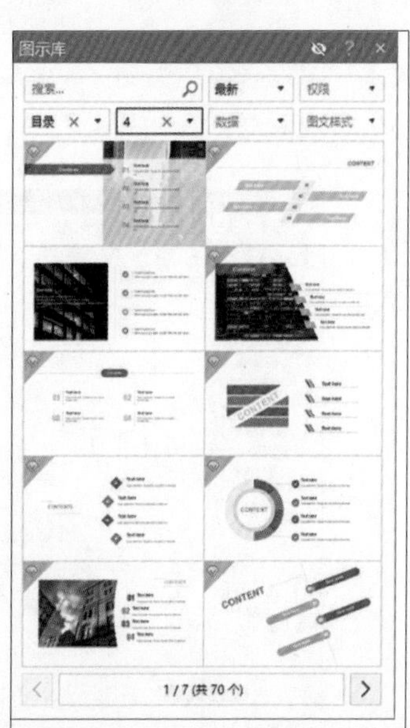

选择元素数量

选择适合的图示分类后，还可以选择不同的数量。比如目录有4个主题，选择数目为4后，显示的全部是4个主题的目录页。

最后，就可以选择其中一个直接插入到PPT之中。有了这个图片库，再也不用担心各种流程图、关系图、层次结构图的制作。

2.4.3 插图表

解决了逻辑关系类型的内容页面，还有一种常见的页面类型，那就是图表。比如常见的柱状图、折线图、饼图等等。通过图表来展示数据会非常清晰直观，但是如果直接把Excel的图表粘贴过来，又不够美观。

你需要iSlide的“智能图表”来帮忙，你会发现这里又是一座大宝藏，里面有很多生动活泼的图表。具体操作步骤如下：

确定图表类型

和前面的操作一样，你要先确定图表的类型，然后就可以在“智能图表”的分类中进行选择了。而且可以选择不同的数量级，选好后点击即可插入。

修改图表数据

图表虽然精美，但是插入的图表好像是默认的数据，如果不能改的话，就完全不能用。确实，刚刚插入的图表里面是默认的数据，但是完全是可以修改的。具体操作如下：

1.选中图表。

2.点击编辑器。

3.输入数据。

4.自动更新。

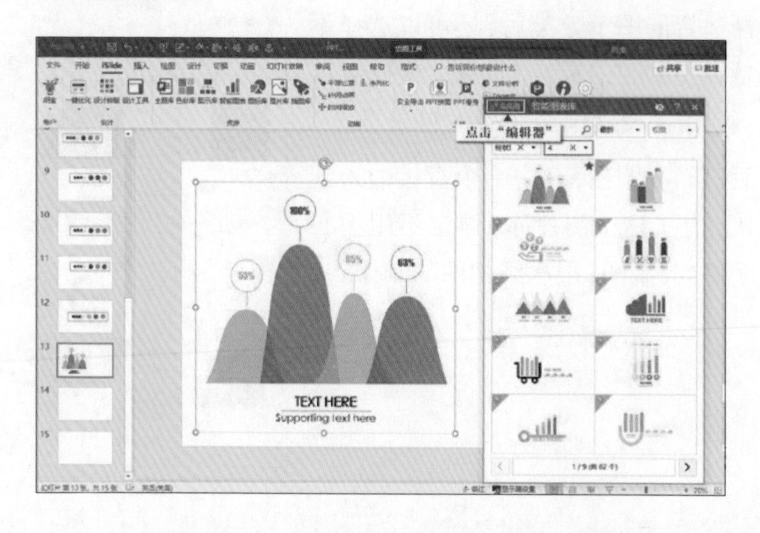

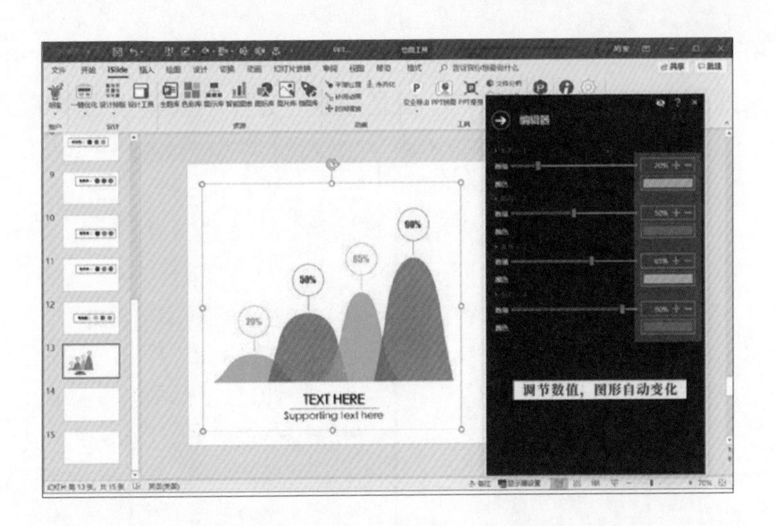

2.4.4 配图标

在表述一些文字内容的时候，如果有合适且精美的图标搭配，会大幅度提升页面的精致感。这个需求也可以使用iSlide的“图标库”来实现。通过关键词搜索就可以找到合适的图标了。

比如我随手搜索了“工作”和“休息。结果如下：

有的时候，一些关键词结果不好，可以尝试更换成更简单、更通用的。比如搜索“吃饭”结果不多，但是搜索“吃”，结果就相当多了。

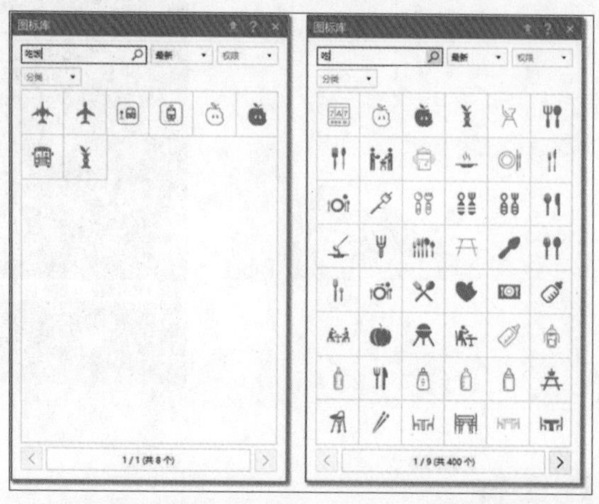

因为iSlide的资源是海量的，不一定每次你都能想到合适的关键词，因此，建议把喜欢的素材全部收藏起来，下次用的时候，就更便捷了。

2.4.5 换色彩

这个步骤是可选步骤，主要的使用场景是，对下载的模板形状非常满意，但是对色彩不满意。比如你需要一个沉稳的PPT，但是下载的模板色彩太艳丽了。这时候难道要放弃这个模板吗？答案当然是不！

使用iSlide的“色彩库”功能，可以非常方便地更换主题的色彩，而且是全自动的。色彩库也有相应的色相、行业、色系的分类，充分满足你

的个性化需求。

原始主题：太过艳丽，不适合商务汇报。

点击iSlide色彩库，选一组沉稳的蓝色为主色调的配色，双击应用后，结果如下，秒变商务模板：

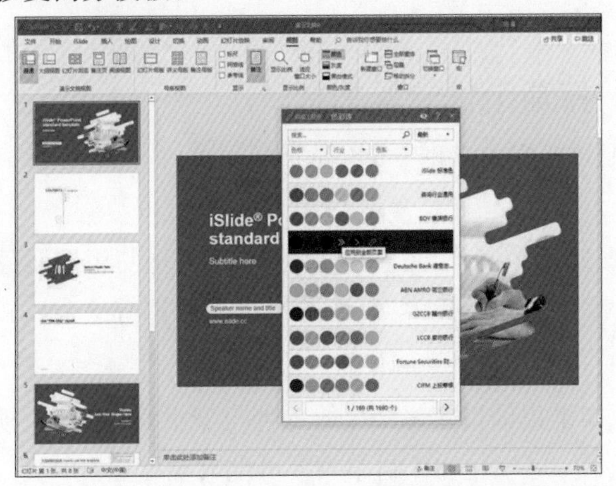

经过以上五个步骤，你是不是可以轻松搞定你的幻灯片了？

在内容已经全部齐备，操作熟练的情况下，应该可以20分钟完成一份PPT文件了，效果真实不虚！

2.5 制作PPT的速度提升10倍的秘籍

2.5.1 如何做到速度提升10倍？

完成了某一次的PPT制作之后，其实还没有结束，因为这不符合成长原则。成长原则是：凡是要重复2次以上的任务，就要想办法提高效率。做一次，让以后同类任务的边际成本递减。

但是，你可能会疑惑，已经掌握了这么厉害的方法了，还能更快吗？当然可以！

利用iSlide速度已经非常快了，但是如果要把这些步骤再简化，提高效率的话，那就只有一个方案——制作属于自己的专属模板(或者模板库)。

想象一下，如果有一个完全符合心意，只需要填充内容的PPT模板，估计5分钟就可以完成把文字内容转换为精美PPT的全过程。

而且，有一个显而易见的好处，不容易和别人撞模板，能做到又快又好。接下来，就介绍如何制作自己的专属模板。

2.5.2 打造个性专属模板

从网上下载的模板，编辑起来都非常方便，在指定位置输入文字、插入图片即可。

模板的好处就是制作一次，以后就可以反复使用。而且有些内容，比如Logo，只需要放在模板中，新建的每个页面都有这个Logo，再也不用一页页地插。

同样的，如果提前设定好PPT的五种类型页面，直接在模板中调取，那将会非常方便，可以让PPT制作效率再度大幅度提升。

其实每个人都感受过模板带来的便利，这个页面非常熟悉，当你新建一个PPT的时候，基本都是以这张幻灯片开头的。这里的"单击此处添加标题"就利用了母版的功能。

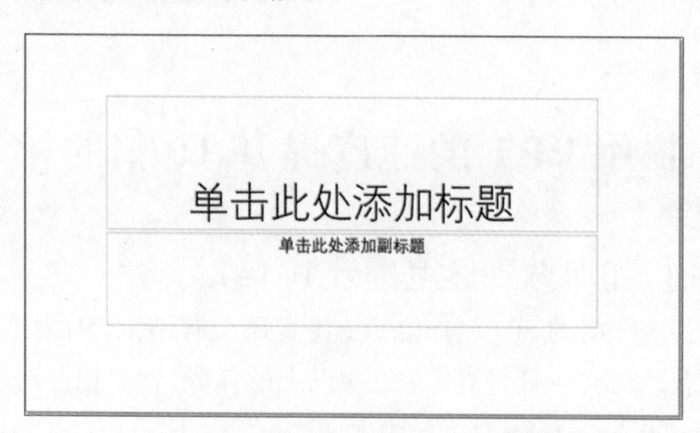

只要点击这个地方，就可以轻松在此位置加入标题。而且位置是固定的，字体也是固定的。这个可以输入标题的框框在母版中叫"占位符"。先来认识一下母板。

如何进入母版

看起来好像和普通PPT差不多，只是多了一些示例文字。没错，这些示例文字恰恰是关键。它的学名叫“占位符”，作用就是把特定的内容固定在页面的指定位置上。

这样，当再次使用的时候，只需要编辑文字内容本身，而不需要调整文字的位置、大小、字体、段落等属性。比如现在来设置一个占位符，看看有什么效果。操作如下：

1.更改第一张默认版式，背景插入一个矩形，把字体改为思源宋体。

2.关闭母版视图。

3.在普通视图下，点击新建幻灯片，选择刚刚建立好的版式。

4.输入字符，效果应该如下：

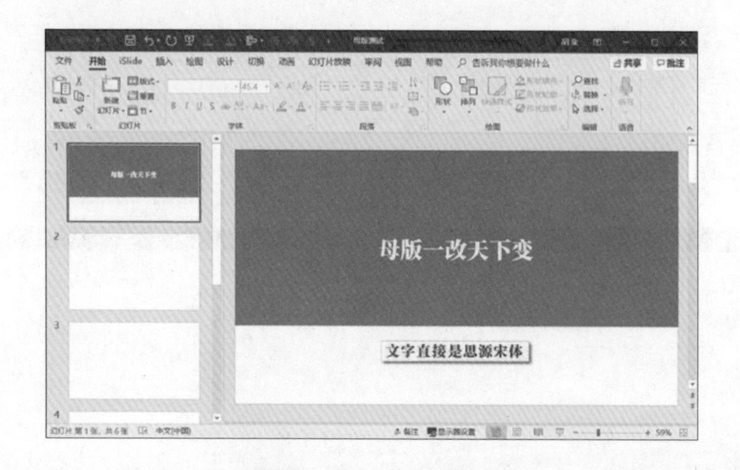

知道原理之后，就可以照葫芦画瓢改定其他的版式。因为模板本质上就是各种页面的母版合集而已。把所有页面全部设定好之后，把PPT文件另存为模板即可。操作方法如右：

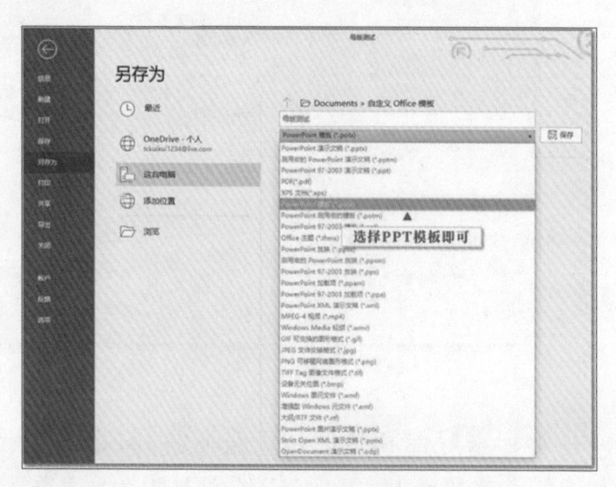

这样就可以建立一套自己的模板。以后在制作PPT的时候，调取模板直接插入相应的文字、图片素材即可。

使用模板有几个显而易见的好处：

1.固定版面比例

有的时候，放映设备是比较特殊的比例，不是4：3也不是16：9，可能是更加不常见的屏幕比例，比如18：9或者21：9。这时候，如果还按照4：3或者16：9进行制作的话，最终放映出来的时候，字体拉伸的那种样子会毁掉所有。

当你预测到这种情况时，一开始，就应该先把比例设定好，存为模板。在电脑上就能看到最终的显示效果。一劳永逸地搞定特殊屏幕上的PPT展示。

2. 快速排版素材

模板的好处是：文字、图片等素材的样式已经设定好了。插入文本或图片的时候，就会自动得到设定好的样式。而且是全自动的设定，再也不用烦琐地一步步操作。文字的占位符上面已经演示过了，现在来看图片占位符的设置：

第一步：插入图片占位符并设定好格式。

（1）点击“插入占位符→图片”。

（2）设置图片占位符的格式。

（3）回到普通视图，用刚创建好的版式新建一张幻灯片。

（4）点击占位符，插入图片，图片格式自动调整。

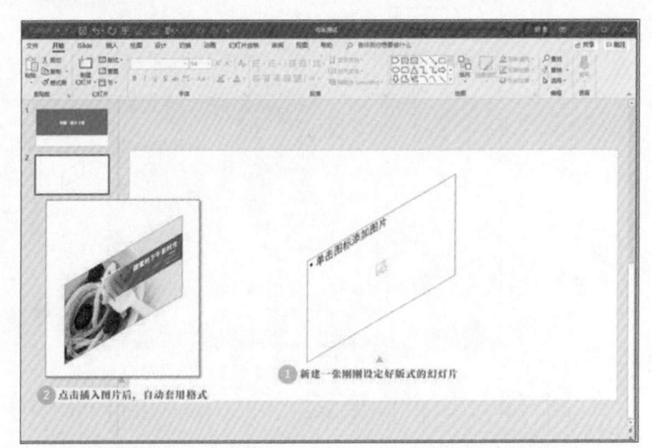

3.固定配色方案

PPT的默认配色方案，使用得太多了，会产生视觉疲劳。新建PPT的时候，仍然会自动采用默认的配色方案。如果你有自己心仪的色彩搭配，可以提前设定好，使用模板固定住。

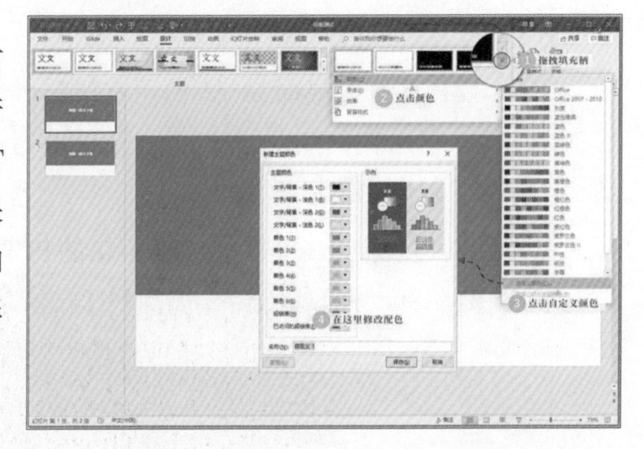

这样，只要是通过这个模板创建的PPT，就会有你提前设置好的个性化配色。

4.固定字体搭配

利用模板，还有一个好处，就是可以固定字体的搭配。比如正文使用的思源黑体Light，标题使用的是思源黑体Bold，也可以使用模板将其固定下来。这样再次插入文字的时候，是默认使用对应的字体的。操作如下：

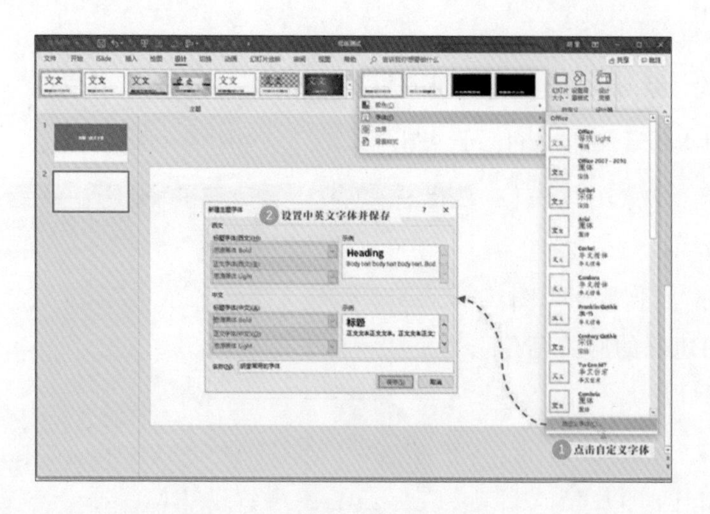

同样的，如果你要做一种中国风的PPT模板，你设定好书法字体，插入的文字也会是书法字体，而不是默认的微软雅黑，省去了大量修改字体的时间。

因此，模板的好处显而易见，使用它的时候，可以大幅度地提升PPT的制作速度。以后在制作幻灯片的时候，可以控制在10分钟之内。这才是工作型PPT制作的终极绝招！

利用前面这些技巧，可以完成很不错的PPT了。部分小伙伴有更高的追求，当然在有余力的情况下，提高PPT技能也是极好的。

第三章

给你的 PPT 加点料

3.1 素材哪里找？

我们所说的素材，可以分为图片素材、图标素材、色彩搭配和装饰元素等等。这些东西用好了，会给页面增加精致的感觉，PPT展示再加分。

3.1.1 高清大图

在制作幻灯片的时候，如果有一张非常清晰切合主题的图片会让表达更加有冲击力。

这就是为什么有时候在网络上会流行一些全图形的PPT，会让你感觉印象非常深刻，因为合适的图片会让整个PPT的表达具有很强的冲击力。

高清大图有很多的资源站点，最常用也最好用的就是下面几个：

1.Pixabay(pixabay.com) 推荐程度四颗星★★★★☆

Pixabay最大的一个好处是，可以用中文关键词来进行搜索。这点就足以让它排在第一位。比如搜索科技这个词，出来的图片质量就相当高。

2.Pxhere(pxhere.com) 推荐程度五颗星★★★★★

Pxhere是一个后起之秀，至少我是最近才从谷歌找到它的，也非常好用。支持全中文搜索，同样输入“科技”作为关键词。结果也是相当的满意。

而且它还有个绝技，按颜色筛选，比如想要主题颜色是蓝色的科技图片。点击蓝色后，结果也是非常惊艳。

你点击一张图片，就会发现下方有一大堆标签，搜图的思路一下子就打开了。

最后，往下翻看页面还有相似图片推荐，也是相当之好用。

它甚至一度让我产生一种错觉：搜图只要它就够了。

3.Pexels (www.pexels.com) 推荐程度：四颗星★★★★☆

Pexels是老牌的图片网站，它需要用英文来进行搜索，不过当你使用合适的关键词之后，能得到不错的一个结果。还是用“科技”做关键词。

4.Unsplash (unsplash.com) 推荐程度：四颗星★★★★☆

最后推荐的就是Unsplash。这个网站，也是个性非常明显的，图片的质量非常高。

以上推荐的所有图片站的图片，全部都是免费可商用的！

3.1.2 图标素材

图标素材其实iSlide就可以搞定。如果要推荐，只推荐一个网站：阿里巴巴矢量图标库。全部免费，质量超高。随手一搜，都是好素材。

只要找准关键词，总有一款图标能满足你。

3.1.3 色彩搭配

色彩搭配其实iSlide已经够用，但是如果你对色彩要求很高，或者想要更加个性化的配色，可以参考各种配色网站。

但是，配色网站鱼龙混杂，建议慎重选择，我常用的是一个基于Material Design 色彩的网站：www.materialpalette.com。

Material Design 是谷歌大厂出品，品质有保障，网站使用起来也很方便。

1.点选感兴趣的颜色，右侧会出现预览效果。

2.看好了色彩搭配方案，可以直接保存色板。

3.下载好的色板如右。

4.粘贴到PPT中取色或者设置主题色即可。

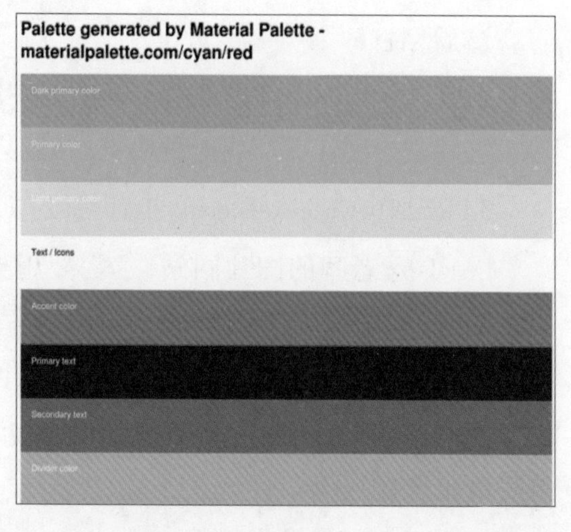

3.1.4 装饰元素

装饰元素很难下一个清晰的定义，它至少包括：精美图标、手绘元素、卡图元素、背景等等。

这里，也主要推荐一个网站：觅元素(www.51yuansu.com)，这个网站有非常多免费使用的无背景素材。完全不用修图，非常方便。

注册后，点击下载就可以。每天有一定的免费下载次数，貌似是5张，对于偶尔使用的你来说，足够用了。

3.2 字体怎么配？

说到字体，在PPT中，占比还是非常大的。虽然说工作型的PPT有常用的黑体家族作为“万金油”搭配。

但是如果你想要展现不同类型的PPT，就需要掌握一些字体的知识，选择合适的字体，才能起到画龙点睛的作用。

3.2.1 字体属性

首先字体可以分为衬线字体和无衬线字体。区别就在于：文字笔画的末端有没有装饰性的元素。有装饰性元素，就是衬线字体，没有的话，就是无衬线字体。

衬线字体，相对来说，有呼吸感。不会给阅读带来很大的压力，特别适合长时间阅读，常见的图书中，一般都会用宋体作为正文字体，就是这个原因。

而无衬线字体，会显得比较有力量感。适合作为标题，或者在PPT展示的时候使用，更加清晰、突出。

当然这也并不是绝对的，还需要看字体的粗细程度，如果是比较纤细的字体，本身就带有很强的文艺感或者呼吸感。而粗壮的字体，会自带比较强的力量感。

所以当你使用的时候，一定要综合考虑字体的属性。因为一个非常纤细的无衬线字体也会显得很有呼吸感，也会很文艺。

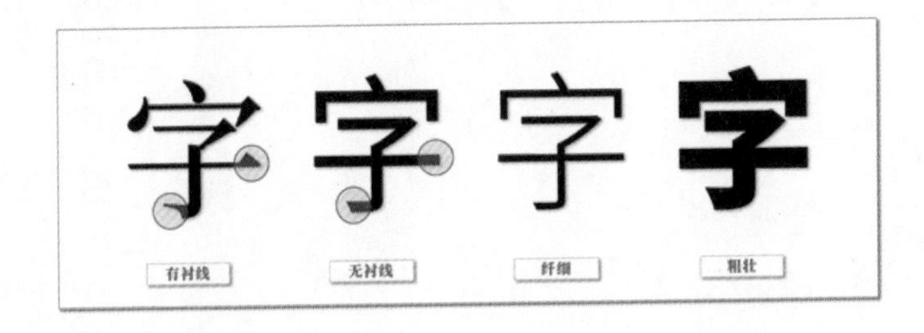

3.2.2 字体风格

知道了字体几种属性之后，来看不同的风格下，应该使用什么样的字体。

商务风格：主要是各种黑体，微软雅黑、思源黑体、冬青黑体等。

时尚风格：各种比较细的黑体，比如微软雅黑light、思源黑体light、

方正兰亭超细黑、汉仪特细等。

文艺风格：主要是各种手写字体，比如方正静蕾体、司马彦字体、汉仪瘦金书等。

复古风格：多是宋体，比如文悦古典明朝、思源宋体、汉仪大宋等。

阳刚风格：主要是粗壮的字体，比如方正超粗黑简体等。

活泼风格：主要是各种卡通字体，常见的有站酷快乐体、方正胖头鱼、方正喵呜体等。

第四章

PPT 分享演示全搞定

4.1 PPT 的导出大揭秘

4.1.1 避免字体错乱

在制作PPT的时候，我们会使用各种各样个性化的字体。当你把做好的PPT发给对方时，假如对方的电脑没有安装这些字体，PPT会用默认字体替代这些个性化字体，导致排版错乱。

对于不明真相的领导来说，更是会怀疑你的审美和专业能力。

所以在分享制作的时候，就要考虑到这个可能性，如果使用了不常用的字体。必须在保存的时候，嵌入到PPT中。这样PPT在任何电脑上播放，字体都是正常的。

而嵌入字体有两种类型：

1.仅嵌入当前PPT使用的字符。

2.嵌入所有的字符。

这两种方式，其实都有各自的利弊，第一种可以让PPT占硬盘空间小一些，适合只看不改PPT的情况。第二种适合和别人协作，如果对方要改动，必须使用第二种方式嵌入字体。

嵌入字体的操作方法如下：

1.另存文件，点击保存选项。

2.勾选“将字体嵌入文件”，选择想要的嵌入方式。

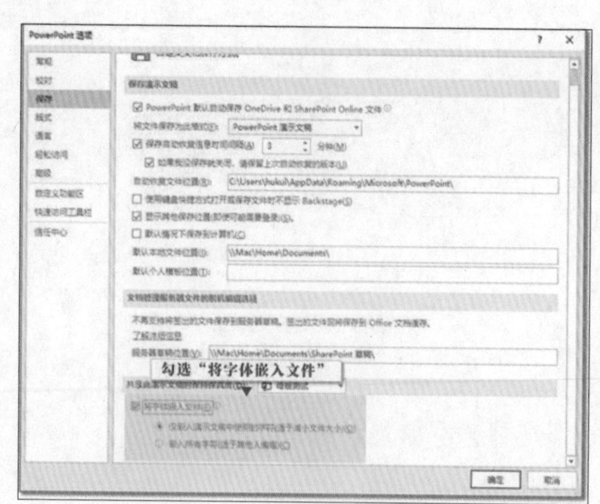

4.1.2 一键统一字体

当我们不是自己创建PPT，而是从别人那里拿了一个PPT进行修改的时候，就可以使用这种一键统一字体功能，它可以直接把字体强制性批量替换，修改起来十分便捷。

操作步骤如下：

1. 点击“一键优化→统一字体”。

2. 在弹出的对话框里按照自己的需求勾选，最后点击应用。

4.1.3 保留全部样式

有时候就算你使用嵌入字体，但是，由于对方的版本较低，还是会有错乱的可能性。在这种情况下，怎么样才能保证你发给别人的PPT，显示的效果和你自己电脑上一样？你可以把每一页PPT转换成图片。

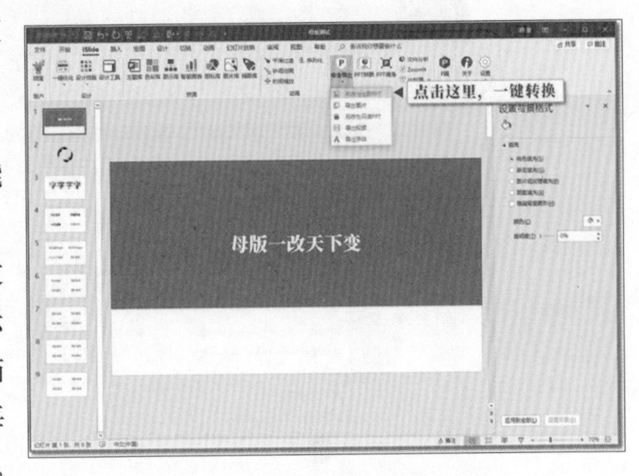

利用iSlide插件导出全图型PPT，可以很方便地解决这个问题。

它的原理很简单，就是把PPT的每一个页面变成一张图片。这样，样式肯定是完全保留了，但不好的地方是，不可以再进行更改。而且PPT中的动画效果也会消失。

缺点用好了就是优点，不能修改，就意味着可以保证分享出去的PPT，不会被他人随意篡改。

所以，这种方式适合于确保对方看到最终的PPT样式且完全不需要修改的情况。

4.1.4 轻松导出视频

office2016之后，PPT增加了很多酷炫的切换动画。当你想保留这些动画效果，又想让PPT能轻松展示的时候，就可以把PPT导出为视频，然后循环播放。非常适合在固定场合下，展示PPT作品。

PPT自带就有这个功能，具体的操作方式如下。

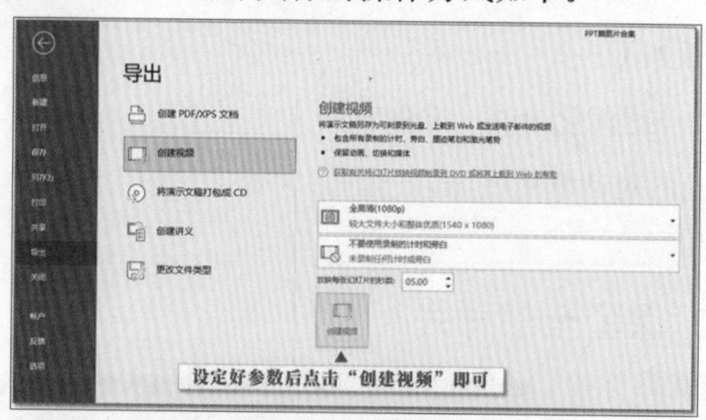

iSlide也有这个功能，具体操作方式如下。

4.2 高效分享PPT的秘籍

4.2.1 微信分享利器——听听文档

PPT能用于微信分享吗？当然可以，而且微软专门提供了一个微信小程序：听听文档。

这个工具非常好用，它采用语音+图片的方式来生成分享内容。你可以直接使用手机上的图片，配上语音解说后，一键分享给好友或者转发到朋友圈。

4.2.2 实时分享——导出图片

微信群实时分享的时候，经常需要把PPT打散成一张张图片。在说到相应内容的时候，直接把对应的图片发出去即可。

这个也可以使用PPT来实现，只要最后把PPT全部转存为图片即可。操作方式为：

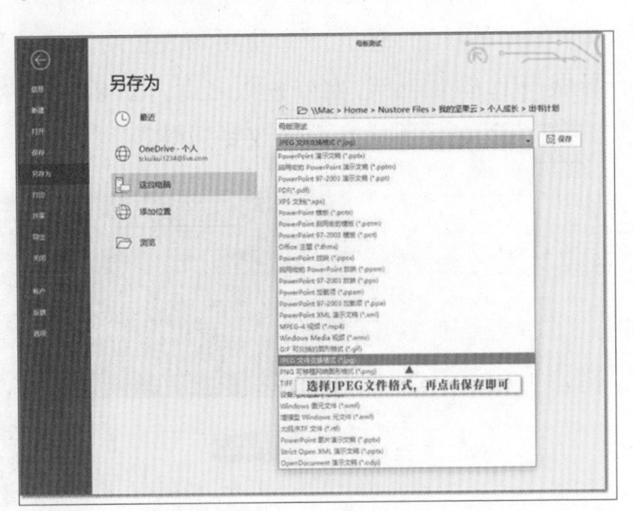

如果使用iSlide，还可以控制导出图片的分辨率。操作方式如下：

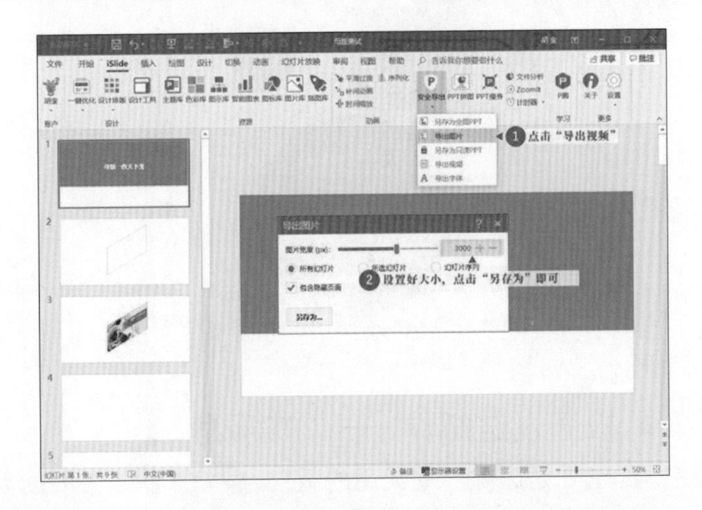

导出的图片会一张张单独存放在和PPT同名的文件夹中。

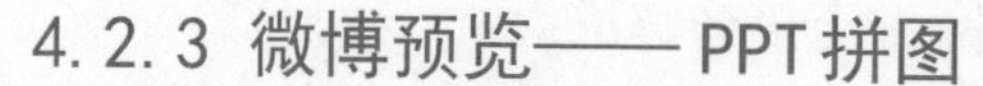

4.2.3 微博预览—— PPT拼图

有的时候，我们需要把PPT展示在一张图片上。

好处是，分享非常方便，当你做好一个精美的PPT，想和朋友们共享时，直接发到朋友圈或者微博上。不但简单快捷，而且效果精美。

PPT的拼图，还有一个使用场景是用来确认PPT风格。比如你给领导做PPT，拟定框架，定好模板之后，把PPT拼个图，发给领导确认，比全部做完了，领导不满意再修改要强得多。

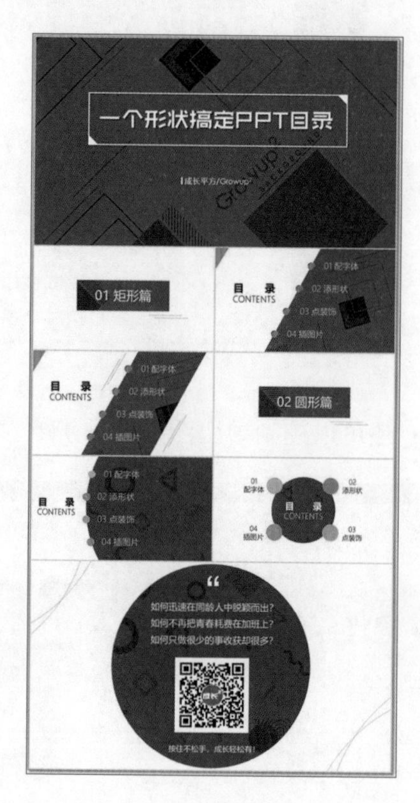

4.2.4 极速发送邮件—— PPT瘦身

PPT瘦身，主要是删除一些无用的版式，删除一些不必要的动画、批注等其他一些不重要的内容，这样能减少PPT的大小。对于经常需要使用邮件来发送PPT的朋友，能大幅度地减少附件上传时间。

如果想要极限瘦身，可以使用压缩图片质量的方法。当把图片的质量压缩为原来的80%的时候，就可以大幅度地减少整个PPT的大小。而且在放映的时候，并不会感觉出明显的差别。操作见下图：

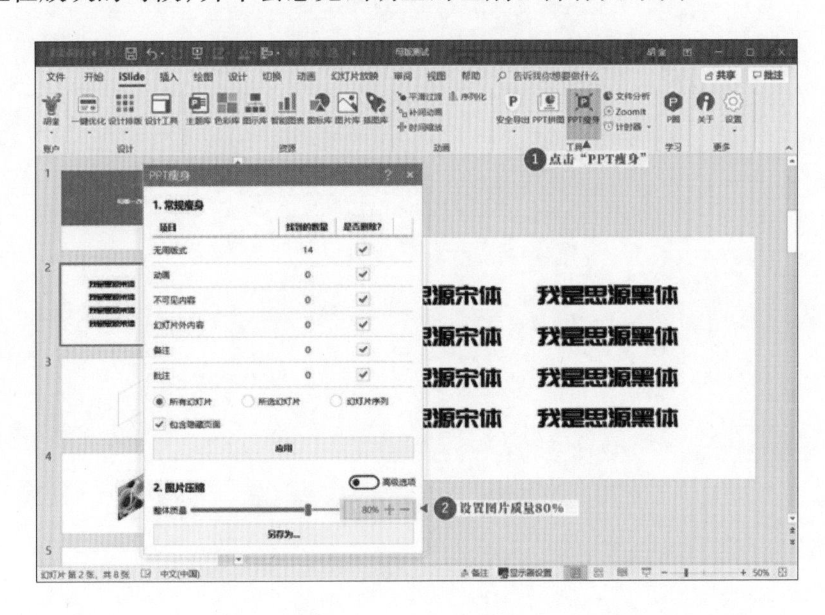

附录

- ☑ 必须要别人教，才能学得会?
- ☑ 高手们都是怎么提升效率的?
- ☑ 搞定搜索技能，助你自学成才!

一开始就说明了，本书聚焦于20%的核心技能，必然无法覆盖全部的技能和操作。附录部分就是帮你解决本书中没有涉及的其他office小问题。

1.1 为什么搜不到

互联网发展到今天已经有海量的数据，只不过并不成体系而已。你会发现互联网上到处都是宝藏。但是总是感觉有些资源高手一搜索就找到了，自己搜索的时候，答案却像和自己捉迷藏一样。

原因其实在于你可能没有清晰准确地定义问题。

如果你是个Excel新手，手上有这样一个表格：表头是一个合并单元格，你想要删掉第一列的无用序号的时候，一删除，表头跟着就没了。但是你不想让表头消失。

你这时候，上网搜索的是“Excel删除列，表头消失”，里面根本就没有合适的解决方案。

但是如果你知道表头是个合并单元格，那就自然会想到要把合并单元格拆分。于是你把关键词换成“Excel 合并单元格 撤销”，你会很容易找到解决方案，如右图：

你有没有发现，这两种搜索方式有明显的效率上的差别。导致这种差别的原因只有两点：

学会清晰定义问题，找到问题的核心要素。

把问题的核心要素，用office术语来表达。

1.2 找出问题核心

想找出问题的核心，必须先认清你的问题。如果你不认清问题，就完全没有办法进行有效的搜索。就像刚刚的例子，你以问题的表现去搜索，多数时候得不到很好的结果。

那刚刚的例子，问题的核心在哪里？为什么我们平时删除列的时候就没事，这次就不行呢？差别到底在哪里？

当你问出这个问题的时候，你就能开动你的脑筋了。仔细观察，你会发现这个表头一下子跨了好几个列，是一个特殊的单元格。

而你平常使用的单元格，都是一行一列交叉形成的单元格，所以你初步判断问题在这里。

假如你连“合并单元格”这个概念都不知道的话，那也没关系，你可以搜索“Excel 单元格 跨好几列”，你会发现，原来这种单元格叫“合并单元格”。

接下来，你就思考，既然是合并单元格，如果想要变成以前的样子，正常应该就可以删除了。这时候就找到了问题的核心：合并单元格影响了列的删除。这时候，再搜索“Excel 合并单元格 撤销”，就能解决你的问题了。

我们就像剥洋葱一样，一层一层地把这个问题解开，虽然这是一个非常非常简单的问题，但是，千万不要只看到表面，而要看到深层：解决问题的过程中我们的思路是什么？

思路就是找到差异，以差异为线索，步步为营地进行搜索和解决。

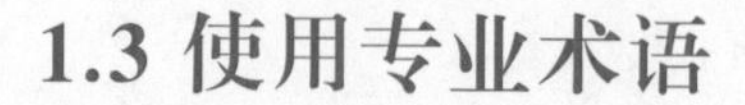

1.3 使用专业术语

在刚刚的解题思路中，你会发现有一个关键点，那就是我们使用了Excel的专业术语："合并单元格"。

当你搜索的时候，关键词都是一些专业术语的时候，你会发现搜索的结果让你非常满意，基本上你想要知道什么都可以得到答案。

所以，提升搜索效能的第二个关键就是使用专业的术语。

Word：多级列表、页面视图、自动目录、页眉页脚、格式刷、主题、页边距、分页符等。

Excel：合并单元格、数据透视表、数据校验、数据验证、排序筛选、选择性粘贴、行列转置等。

PPT：演示者视图、切换动画、SmartArt图形、艺术字、插入形状、主题、动画等。

这么多专业术语怎么记住呢？其实不必记忆，遇到问题的时候，多注意观察即可，界面上都有相应的指示。

1.4 找高手帮忙

当你百思不得其解，或者有些复杂的问题，你根本没办法通过这样简单的搜索解决的时候，你的策略就是找高手帮忙。

不过，在这之前，你必须自己清晰地定义问题，而且要记录你的思考和所做的操作。

当你真的遇到这样的问题的时候，欢迎来找我，搜索公众号"成长平方"，在后台给我留言即可。

《高效办公office教程》既能带你深入了解office技能的知识细节，也能教你从容应对工作的心法，给你升维到全局来看待问题的解决思路。

——Web开发工程师 稻草人

如果你想要脱离加班噩梦，把人生效率提高10倍，成为高效能人士，那么这本秘籍，你值得拥有。

——产品工程师 陌上纤尘

这是一本实用、能用、好用的office宝典，直接的好处是书里的工具和方法看了就能用，隐形的好处是作者提供了使用office背后的思维框架，帮助你快速打造个人职场竞争力。

——吴春丹

本书可以帮你快速提高工作效率，还可以当工具书用，帮助你从office小白迅速成长为高手，升职加薪指日可待。

——策划总监 翁静雅

初次见到胡奎使用office，让我大为惊叹，别人两三天才能完成的工作，他一个小时就做好了，而且操作快得让人看不清。

——医务工作者 周怡

我在工作中，有大量的数据要分析，每到月底，我总是很头痛。后来从胡奎那里学会了Excel数据透视表，数据分析分分钟就搞定了，不但准确无误，而且节省出了大量的时间。

——妇幼保健工作者 芮婷婷

我的老板是个典型的视觉型老板，每次汇报工作都要做PowerPoint。我以前总是套模板，但是结果总是不尽如人意，自己重新做又超级慢。还好胡奎教会了我他的私藏神技，20几分钟搞定汇报PowerPoint，相信你在这本书中也能找到答案。

——国际贸易 晓菲

胡奎是个特别勤于思考的人，在研究office技能的时候，他总是能另辟蹊径，让你眼前一亮，正是这些宝贵的思路才是最有价值的，而这本书会清晰地呈现他的思路。希望会对你有所启发。

——医院管理 姜柯

office三合一的书籍我看过不少，看到这本书后，我十分惊喜。作者做了很好的取舍，书虽不厚，但是干货满满。

——项目管理 张悦

我强烈推荐这本书，它操作简单、易上手、内容实用、案例丰富，没有水分，只有干货，让你轻松变身office达人。办公软件，学这一本就够了。

——甜品师 小七